# 建筑装饰工

## Architecture Decoration Engineering Charting

21 世纪全国普通高等院校美术·艺术设计专业"十三五"精品课程规划教材

# The"13th Five-Year Plan"Excellent Curriculum Textbooks for the Major of

# Fine Arts and Art Design

in National Colleges and Universities in the 21st Century

编 著 嵇立琴 吴奕苇

辽宁美术出版社

Liaoning Fine Arts Publishing House

图书在版编目（CIP）数据

建筑装饰工程制图 / 嵇立琴，吴奕苇编著. — 沈阳：
辽宁美术出版社，2020.8（2023.1重印）
21世纪全国普通高等院校美术·艺术设计专业"十三
五"精品课程规划教材
ISBN 978-7-5314-8699-2

Ⅰ．①建… Ⅱ．①嵇… ②吴… Ⅲ．①建筑装饰－建筑制
图－高等学校－教材 Ⅳ．①TU238

中国版本图书馆CIP数据核字（2020）第115228号

21世纪全国普通高等院校美术·艺术设计专业
"十三五"精品课程规划教材
总 主 编　彭伟哲
副总主编　时祥选　田德宏　孙郡阳
总 编 审　苍晓东　童迎强

编辑工作委员会主任　彭伟哲
编辑工作委员会副主任　童迎强　林 枫　王 楠
编辑工作委员会委员
苍晓东　郝 刚　王艺潼　于敏悦　宋 健　王哲明
潘 阔　郭 丹　顾 博　罗 楠　严 赫　范宁轩
王 东　高 焱　王子怡　陈 燕　刘振宝　史书楠
展吉喆　高桂林　周凤岐　任泰元　汤一敏　邵 楠
曹 焱　温晓天

印制总监
徐 杰　霍 磊

责任编辑　孙郡阳
责任校对　郝 刚

出版发行　辽宁美术出版社
经　　销　全国新华书店
地　　址　沈阳市和平区民族北街29号　　邮编：110001
邮　　箱　lnmscbs@163.com
网　　址　http://www.lnmscbs.cn
电　　话　024-23404603
封面设计　彭伟哲　金婉仪　孙雨薇
版式设计　彭伟哲　薛冰焰　吴 烨　高 桐

印　　刷
沈阳博雅润来印刷有限公司

版　　次　2020年8月第1版　2023年1月第3次印刷
开　　本　889mm×1194mm　1/16
印　　张　7.5
字　　数　160千字
书　　号　ISBN 978-7-5314-8699-2
定　　价　40.00元

# 序 >>

当我们把美术院校所进行的美术教育当作当代文化景观的一部分时，就不难发现，美术教育如果也能呈现或继续保持良性发展的话，则非要"约束"和"开放"并行不可。所谓约束，指的是从经典出发再造经典，而不是一味地兼收并蓄；开放，则意味着学习研究所必须具备的眼界和姿态。这看似矛盾的两面，其实一起推动着我们的美术教育向着良性和深入演化发展。这里，我们所说的美术教育其实有两个方面的含义：其一，技能的承袭和创造，这可以说是我国现有的教育体制和教学内容的主要部分；其二，则是建立在美学意义上对所谓艺术人生的把握和度量，在学习艺术的规律性技能的同时获得思维的解放，在思维解放的同时求得空前的创造力。由于众所周知的原因，我们的教育往往以前者为主，这并没有错，只是我们更需要做的一方面是将技能性课程进行系统化、当代化的转换；另一方面，需要将艺术思维、设计理念等这些由"虚"而"实"体现艺术教育的精髓的东西，融入我们的日常教学和艺术体验之中。

在本套丛书出版以前，出于对美术教育和学生负责的考虑，我们做了一些调查，从中发现，那些内容简单、资料匮乏的图书与少量新颖但专业却难成系统的图书共同占据了学生的阅读视野。而且有意思的是，同一个教师在同一个专业所上的同一门课中，所选用的教材也是五花八门、良莠不齐，由于教师的教学意图难以通过书面教材得以彻底贯彻，因而直接影响到教学质量。

学生的审美和艺术观还没有成熟，再加上缺少统一的专业教材引导，上述情况就很难避免。正是在这个背景下，我们在坚持遵循中国传统基础教育与内涵和训练好扎实绘画（当然也包括设计、摄影）基本功的同时，向国外先进国家学习借鉴科学并且灵活的教学方法、教学理念以及对专业学科深入而精微的研究态度，辽宁美术出版社会同全国各院校组织专家学者和富有教学经验的精英教师联合编撰出版了《21世纪全国普通高等院校美术·艺术设计专业"十三五"精品课程规划教材》。教材是无度当中的"度"，也是各位专家多年艺术实践和教学经验所凝聚而成的"闪光点"，从这个"点"出发，相信受益者可以到达他们想要抵达的地方。规范性、专业性、前瞻性的教材能起到指路的作用，能使使用者不浪费精力，直取所需要的艺术核心。从这个意义上说，这套教材在国内还是具有填补空白的意义。

21世纪全国普通高等院校美术·艺术设计专业"十三五"精品课程规划教材编委会

# 前言 >>

　　图纸是设计师表达自己设计思想的最基本的语言。我们编著此书的目的在于帮助那些学习室内设计和景观设计和产品设计的学生们及热衷于此项目视野的朋友们能够正确、完整、规范地表达设计方案。

　　制图是学习设计的基础，也是同行交流的载体，更是最终施工的重要依据。不论是借助传统绘图仪器还是现代化设备工作，掌握设计制图技法及其规范都是十分重要的前提。

　　本书根据教育部工程图学教学指导委员会最新制定的《普通高等院校工程图学课程教学基本要求》和采用最新《技术制图》国家标准编写。本书参考了国内其他教育用书中的绘图方式，对国内许多工程制图教材中图纸绘制表达方式进行了统一和规范。

　　本书是针对艺术类高等院校学生所编写的环境艺术设计制图教材，因此，在结构、设备、电气、给排水施工图方面做了一些省略。本书的编写是建立在建筑设计的延续及深入的思路上，把室内设计施工图和景观设计制图技法构筑在建筑制图的基础之上，并考虑到设计的多样性特点，总结多年设计制图教学实践经验，加入新的教学理念，引导式地由浅入地深讲授基础理论。

　　本书以前人编著的教学理念为基础，结合新的规范、新的方法、新的案例全新修订而成。在编写中尤其感谢成都基准方中建筑设计事务所、深圳市城市空间规划建筑设计有限公司、重庆九禾园林规划设计建设有限公司、重庆贝熙景观规划设计事务所的支持，为本书提供了景观施工图的实例。

　　本书编写中参阅了许多著作和教材，在此特向有关工作者表示衷心感谢。由于时间匆忙，难免有不妥之处，恳请广大读者和专家指正。

# 目录 contents

参考文献

# 第一章 制图基本知识

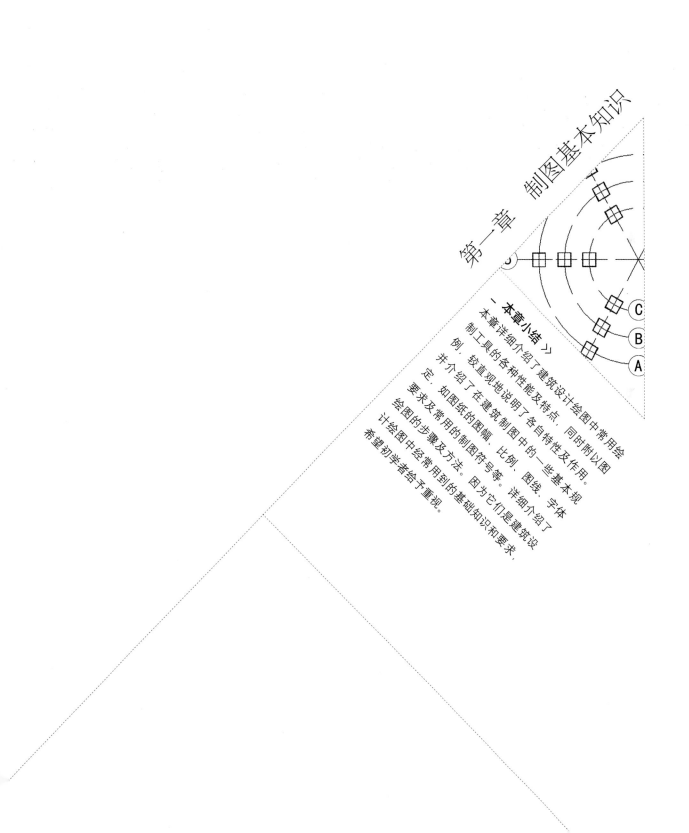

## 本章小结

本章详细介绍了建筑设计绘图中常用绘制工具的各种性能及特点，同时附以图例，较直观地说明了各自特性及作用。并介绍了在建筑制图中的一些基本规定，如图纸的图幅、比例、图线、字体要求及常用的制图符号等。详细介绍了绘图的步骤及方法。因为它们是建筑设计绘图中经常用到的基础知识和要求，希望初学者给予重视。

# 第一章　制图基本知识

## 第一节//// 绘图工具及仪器使用

### 一、绘图板、丁字尺

绘图板是固定图纸的工具，用木料制成，板面要求平坦光滑，软硬合适。绘图板两端必须平直，一般镶嵌不易收缩的硬木，图板放置时应保护好短边。绘图板按尺寸分一般有0号绘图板（900mm×1200mm）、1号绘图板（600mm×900mm）、2号绘图板（450mm×600mm）等规格。

丁字尺是用来画水平直线和配合三角板画垂直直线、斜线的工具，由尺头和尺身组成。使用时，以左手扶尺头，使尺头紧靠绘图板的左边上下推移，对准要画的位置后，用左手压住尺身，然后用右手沿尺身的工作边从左向右画线。（图1-1-1）

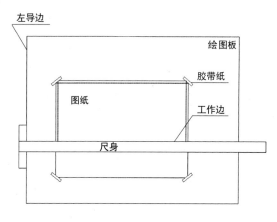

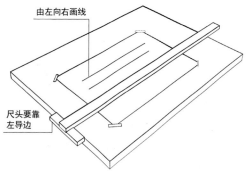

图1-1-1

丁字尺只能将尺头紧靠在绘图板的左边使用，不能将尺头靠在绘图板的右边或上、下边使用，也不可在尺身下边缘画线。

### 二、比例尺

比例尺是用来缩小或放大图样的工具。常用的比例尺有两种：一种外形呈三棱柱体，上有6种不同比例的刻度（1：100、1：200、1：300、1：400、1：500、1：600），也称为三棱尺；另外一种外形像普通尺子，有三种不同的刻度（1：100、1：200、1：500）。（图1-1-2）

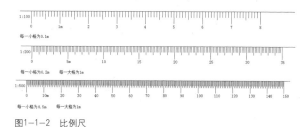

图1-1-2　比例尺

### 三、曲线板和建筑模板

曲线板和建筑模板都是绘图用的辅助工具，具有方便快捷的功能。

（1）曲线板

曲线板是用来画非圆曲线的工具。用法是先将非圆曲线上的点依次用铅笔轻轻地圆滑连好，再将曲线板能与曲线重合的一段（至少三点）描绘下来。一段一段地连接，以保证接头准确、曲线圆滑。（图1-1-3）

（2）建筑模板

为了提高制图的质量和速度，人们把图样上常用的图例、符号、比例等刻在有机玻璃的薄板上，作为模板使用。常用的有圆模板、建筑模板、家具模板、字体模板等。（图1-1-4）

图1-1-3 曲线板

图1-1-4 建筑模板

## 四、绘图笔和铅笔

绘图笔又称针管笔，用来描绘图样的墨线。针管笔有注水针管笔与一次性针管笔两种。注水针管笔的笔尖细软，绘图时要立起笔杆与画面垂直使用，其笔尖容易被纸面纤维堵住，使用一段时间后应及时清理笔尖。一次性针管笔为纤维笔头，不会出现堵塞笔尖的现象，但用笔时切勿用力过重，以免损坏笔尖。两种笔尖粗细有一定的规格，如0.05mm、0.1mm、0.2mm、0.25mm、0.3mm、0.5mm、0.8mm、1.2mm等，不同品牌，规格不同。绘图时笔尖可倾斜12°～15°，画线时用笔的速度、力度要均匀，保持线条流畅。（图1-1-5）

图1-1-5 绘图笔

绘图铅笔有多种不同的硬度。H表示硬芯铅笔，H-3H通常用于画底稿，数值越大则铅笔硬度越大，反之越小。B表示软芯铅笔，B-3B通常用于加深图线，数值越大则软度越大，反之则越小。HB表示中等软硬铅笔，用于注写文字及加深图线等，如图1-1-6所示。

图1-1-6 铅笔

## 五、其他工具

除了上述工具外，绘图时还要准备削铅笔的小刀（还可裁图纸）、磨铅芯的砂纸、橡皮以及固定图纸的胶带纸，另外，为了保护有用的图线可以使用擦图片等。

橡皮有软硬之分。修整铅笔线多用软质的，修整墨线则多用硬质的。（图1-1-7）

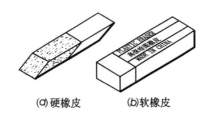

(a)硬橡皮　　　　(b)软橡皮

图1-1-7 橡皮

擦图片是用于修改图线的，形状如图1-1-8所示，其材质多为不锈钢片。

为了保持图面清洁，我们还要准备排刷、袖套、图纸筒等用具。（图1-1-9～图1-1-12）

图1-1-9 排刷

图1-1-10 袖套

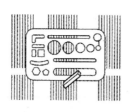

图1-1-8 擦图片

图1-1-11 图纸筒

图1-1-12 图纸表面覆盖草图纸

## 第二节 //// 制图的基本规定

### 一、图纸、图幅

图框是在图纸中限定绘图方位的边界线。图纸的幅面、图框尺寸、格式应符合国家制图标准和《房屋建筑制图统一标准GB/T 5000—2001》的有关规定。（图1-2-1）

| 幅面代号<br>尺寸代号 | A0 | A1 | A2 | A3 | A4 |
|---|---|---|---|---|---|
| b×1 | 841×1189 | 594×841 | 420×594 | 297×420 | 210×297 |
| c | | | 10 | | 5 |
| a | | | 25 | | |

图1-2-1

图表中b为图幅短边尺寸，1为图幅长边尺寸，a为装订边尺寸，其余三边尺寸为c，单位为mm。图纸以短边作垂边的称作横式，以短边作水平边的称作立式。一般A0-A3图纸宜横式使用，必要时也可以立式使用。一张专业的图纸不适宜用多于两种的幅面，目录及表格所采用的A4幅面不在此限制内。各号幅面的尺寸关系是：沿上一号幅面的长边对裁，即为次一号幅面的大小（图1-2-2）。图框——图纸上限定绘图区域的线框（图1-2-3）。

注：图纸加长尺寸和微缩复制

加长尺寸图纸只允许加长图纸的长边。（图1-2-4）

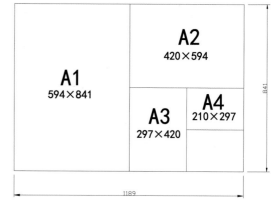
图1-2-2

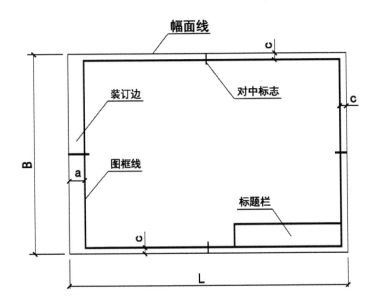

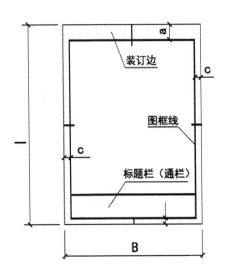

图1-2-3

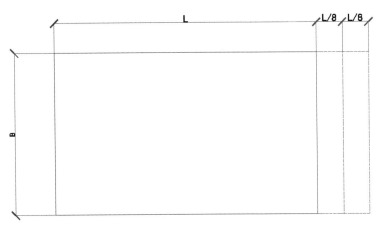

图1-2-4

## 二、标题栏与会签栏

### 1.标题栏

在工程制图中，为方便阅读及查阅相关信息，图纸中一般会配置标题栏，其位置一般位于图纸的右下角，看图方向一般与标题栏的方向一致。

国家标准《GB/T 10609.1—2008》对标题栏的基本要求、内容、尺寸与格式都做了明确的规定，相关内容请参照国家标准。《技术制图与标题栏的国家标准代号为GB/T 10609.1—1989》。（图1-2-5）

标题栏能反映出项目的标识、项目的责任者、查找的编码等，它还包括企业名称、项目名称、签字区等内容。一般由更改区、签字区以及其他代号区组成，也可以适当地减少或增加。（图1-2-6）

更改区：一般由更改标识、处数、分区、文件号、签名和年月日组成。

签字区：一般由设计、审核、工艺、标准化、

| 幅面代号 | 图框线 | 标题栏外框线 | 标题栏分隔线会签栏线 |
|---|---|---|---|
| A0、A1 | 1.4 | 0.7 | 0.35 |
| A2、A3、A4 | 1.0 | 0.7 | 0.35 |

图1—2—5

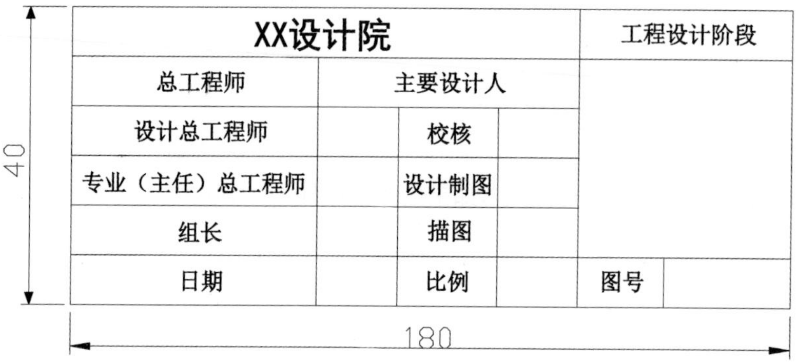

XX设计院
工程设计阶段
总工程师
主要设计人
设计总工程师
校核
专业（主任）总工程师
设计制图
组长
描图
日期
比例
图号
40
180


校 名
比例
日期
批阅
成绩
姓名
专业
班级
学号
图 名
8
8
16
32
15
20
35
70
140


图1—2—6

平面布置图
S=1:200
平面布置图
S=1:500
平面布置图
S=1:100
平面布置图
S=1:20
平面图 1:100
④ 1:10


图1—2—7

批准、签名和年月日组成。

其他区：一般由材料标记、阶段标记、重量、比例、共XX张第XX张组成。

名称及代号区：一般由单位名称、图样名称和图样代号等组成。

### 2.会签栏

会签栏是建筑图纸上用来表明信息的一种标签栏，其尺寸一般为100mm×40mm或180mm×60mm等，栏内填写会签人员所代表的专业、名称和日期，一个会签栏不够时，可以增加一个，两个并列。不需要会签的图纸可以不设会签栏。

## 三、比例

图样的比例是指图形与实物相对应的线性尺寸之比。图样表现在纸上应当按照比例绘制，比例能够在图幅上真实地表现物体的实际尺寸。比例的符号为“：”，比例应以阿拉伯数字表示，如1：1、1：2、1：100等，比例应注写在图名的右侧，字的基准线应取平；比例的字高应比图名的

| 图　名 | 比　例 |
|---|---|
| 建筑物或构筑物的平面图、立面图、剖面图 | 1：50、1：100、1：150、1：200、1：300 |
| 建筑物或构筑物的局部放大图 | 1：10、1：20、1：25、1：30、1：50 |
| 配件及构造详图 | 1：1、1：2、1：5、1：10、1：15、1：20、1：25、1：30、1：50 |

图1—2—8

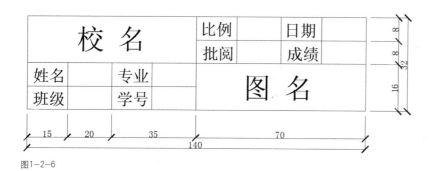

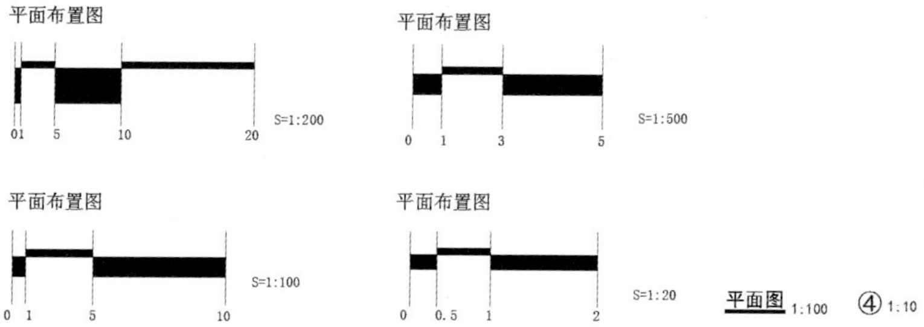

字号小1—2号。图纸的比例针对不同类型有不同要求，如总平面图的比例一般采用1：500、1：1000、1：2000，同时，不同的比例对图样绘制的深度也有所不同。（图1-2-7）

方案图比例可以采用比例尺图示法表达，用于方案图阶段，比例尺文字高度为6.4mm，字体为"简宋"。（图1-2-8）

## 四、图线

我们所绘制的工程图样是由图线组成的，为了表达工程图样的不同内容，并能够分清主次，需使用不同类型和线宽的图线。图线是构成图纸的基本元素，《标准》规定图线的线型有实线、虚线、点画线、双点画线、折断线、波浪线等。其中有一些还分为粗、中、细三种，图线的宽度分为6个系列（分别为b=0.35、0.5、0.7、1.0、1.4、2.0），中线和细线分别为b/2和b/3，它们分别代表了不同的内容。（图1-2-9）

制图时应注意图线的选用。（图1-2-10）

1.每个图样绘制前，应根据复杂程度与比例大小，先确定基本的线宽b，再选用相应的线宽组。

2.如果是微缩的图纸，不宜采用0.18mm及更细

| 名　称 | 线　型 | 线　宽 | 用　途 |
|---|---|---|---|
| 粗实线 | —————— | b | 1．平、剖面图中被剖切的主要建筑构造（包括构配件）的轮廓线<br>2．建筑立面图或室内立面图的外轮廓线<br>3．建筑构造详图中被剖切的主要部分的轮廓线<br>4．建筑构配件详图中的外轮廓线<br>5．平、立、剖面图的剖切符号 |
| 中实线 | —————— | 0.5b | 1．平、剖面图中被剖切的次要建筑构造（包括构配件）的轮廓线<br>2．建筑平、立、剖面图中建筑构配件的轮廓线<br>3．建筑构造详图及建筑构配件详图中的一般轮廓线 |
| 细实线 | —————— | 0.25b | 小于0.5b的图形线、尺寸线、尺寸界限、图例线、索引符号、标高符号、详图材料做法引出线 |
| 中虚线 | - - - - - - | 0.5b | 1．建筑构造详图及建筑构配件不可见的轮廓线<br>2．平面图中的起重机（吊车）轮廓线<br>3．拟扩建的建筑物轮廓线 |
| 细虚线 | - - - - - - | 0.25b | 图例线、小于0.5b的不可见轮廓线 |
| 粗点画线 | —·—·— | b | 起重机（吊车）轨道线 |
| 细点画线 | — · — · — | 0.25b | 中心线、对称线、定位轴线 |
| 折断线 | ——⌐∨⌐—— | 0.25b | 不需画全的断开界线 |

图1-2-9

| 线宽比 | 线宽组 | | | | | |
|---|---|---|---|---|---|---|
| b | 2.0 | 1.4 | 1.0 | 0.7 | 0.5 | 0.35 |
| 0.5b | 1.0 | 0.7 | 0.5 | 0.35 | 0.25 | 0.18 |
| 0.25b | 0.5 | 0.35 | 0.25 | 0.18 | | |

图1-2-10

的线宽。

3.同一张图纸内，不同线宽中的细线，可统一采用较细的线宽组的细线。

4.图纸的图框线和标题栏线，可采用图1-2-5所示的线宽。

5.相互平行的线，其间隙不小于其中粗线宽度，宜不小于0.7mm。

6.虚线、单点长画线或双点长画线的线段长度和间隔，各自相等。

7.单点长画线或双点长画线的两端不应该是点，应该是线段。点画线与点画线交接或点画线和其他线交接时，应该是线段交接。

8.虚线与虚线交接或虚线与其他图线交接时，应是线段交接。特殊情况下，虚线为实线的延长线时，不得与实线连接。

9.在较小图形中，绘制单点长画线有困难时，可用实线代替。

10.图线不得与文字、数字或符号重叠，不可避免时，应首先保证文字、数字、符号等的清晰，断开相应图线。

## 五、字体

在绘制设计图和设计草图时。除了要选用各种线来绘制物体，还要用最直观的文字把它表达出来，表明其位置、大小及说明施工技术要求。文字与数字，包括各种符号的注写是工程图重要的组成部分，因此，对于表达清楚的施工图和设计图来说，适合的线条质量，加上漂亮的注字是必须的，如图1-2-11所示。

1.图样及说明中的汉字，宜采用长仿宋体，也可以采用其他字体，但要容易辨认。文字的高度，选用3.5、5、7、10、14、20（mm）。

10号字
**字体工整笔画清楚**

7号字
**横平竖直注意起落**

5号字
技术制图汽车航空土木建筑矿山井坑港口

3.5号字
飞行指导驾驶舱位挖填施工引水通风闸阀坝

横平竖直注意起落结构均匀填满
方格机械制图轴旋转技术要求键

ABCDEFGHIJKLM
NOPQRSTUVWXYZ
abcdefghijklm
nopqrstuvwxyz
1234567890

图1-2-11

2.汉字的字高应不小于3.5mm，手写的汉字高度一般不小于5mm。字母和数字的字高不应小于2.5mm，与汉字并列书写时其字高可小1—2号。

3.拉丁字母中的I、O、Z，为了避免与同图纸上的1、0、2相混淆，不得用于轴线编号。

4.分数、百分数和比例数的注写，应采用阿拉伯数字和数字符号。

## 六、尺寸的标注

尺寸数字宜注写在尺寸线读数上方的中部，如果相邻的尺寸数字注写位置不够，可错开或引出。竖直方向的尺寸数字，注意应由下往上写在尺寸线的左中部。（图1-2-12～图1-2-16）

### 1.尺寸排列与布置的基本规定

（1）尺寸宜标注在图样轮廓线以外，不宜与图

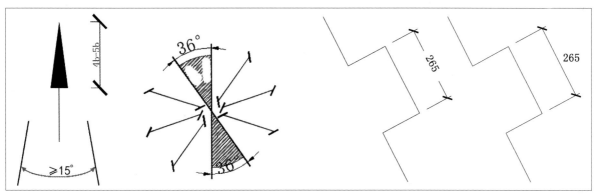

图1-2-12

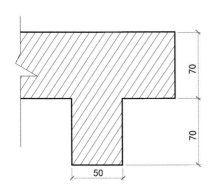

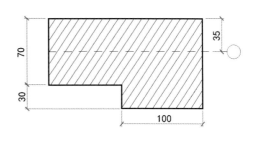

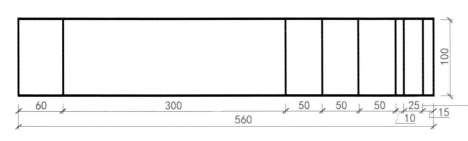

第一层尺寸线距图样最外轮廓线之间的距离不宜小于10mm，平行排列的尺寸线的间距，宜为7～10mm，并应保持一致。

图1-2-13

线、文字及符号等相交，有时图样轮廓线也可用作尺寸界限。

（2）互相平行的尺寸线的排列宜从图样轮廓线向外，先小尺寸和分尺寸，后大尺寸和总尺寸。

（3）第一层尺寸线距离图样最外轮廓线之间的距离不宜小于10mm。平行排列的尺寸线的间距，宜

为7—10mm，并保持一致。

（4）几层的尺寸线总长度应一致。

（5）尺寸线应与被注长度平行，两端不宜超出尺寸界限。

2.半径、直径尺寸的标注

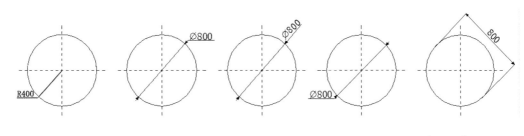

图1-2-14

### 3.角度、弧长、弦长的尺寸标注

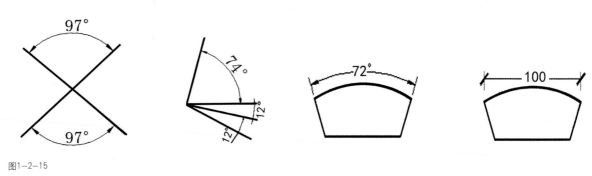

图1-2-15

### 4.简化尺寸标注

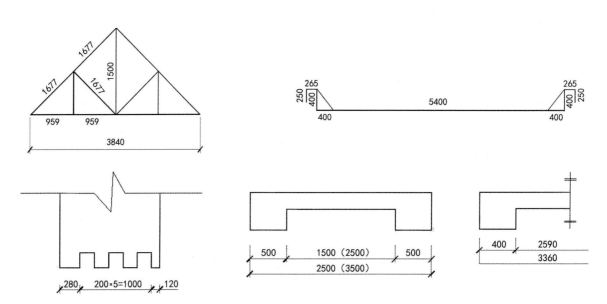

图1-2-16

### 5.尺寸标注的深度设置

工程图样的设计制图在不同阶段和不同比例绘制时，均应对尺寸标注的详细程度做出不同的要求。这里我们主要依据建筑制图标准中"三道尺寸"进行标注，主要包括外墙、门、窗洞口尺寸、轴线间尺寸和建筑外包总尺寸。（图1-2-17）

（1）尺寸标注的深度设置在底层平面中是必不可少的。当平面形状复杂时，还应当增加分段尺寸。

（2）在其他各层平面中，外包总尺寸可省略或标注轴线间总尺寸。

（3）无论在哪层标注，均应注意以下几点：

a.门、窗洞口尺寸与轴线间尺寸要分别在两行上各自标注，宁可留空余也不可混注在一起。

b.门、窗洞口尺寸也不要与其他实体尺寸混行标注。

c.当上下或左右两道外墙的开间及洞口尺寸相同时，只标注上下一面尺寸及轴线号即可。

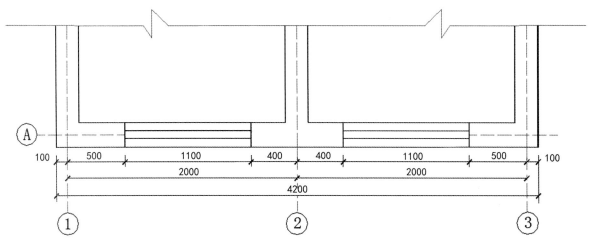

图1-2-17

## 七、 制图符号

### 1. 剖切符号

剖面图即剖视图中用以表示剖切面剖切位置的图线，剖切符号用粗实线表示。在标注剖切符号时，应同时标注编号，剖面图的名称都用其编号来命名。（图1-2-18）

剖切符号的使用应符合下列规定：

（1）剖切符号应由剖切位置线及投影方向线组成，用粗实线绘制，剖切位置线长6—10mm，方向线长4—6mm。

（2）剖切符号的编号宜采用阿拉伯数字。

（3）需要转折的剖切位置线，应在转角的外侧加注与该符号相同的编号。

（4）建筑物剖面的剖切符号宜注写正负0.000标高的平面图上。

（5）断面的剖切符号应该用剖切位置线来表示，并应以粗实线绘制，长度6—10mm。

（6）剖面图或断面图，如与被剖切图样不在同一张图纸内，可在剖切位置线的另一侧注明其所在图纸的编号，也可以在图上集中说明。

在平面图上标注好剖切符号后，要在绘制剖面图下方标明相对应的剖面图名称。

### 2. 索引符号

如图1-2-19与1-2-20所示，索引符号的应用要符合以下规定：

（1）索引出的详图，如与被索引的详图在同一张图纸内，应在索引符号的上半圆内用阿拉伯数字

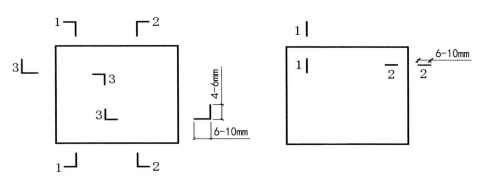

图1-2-18

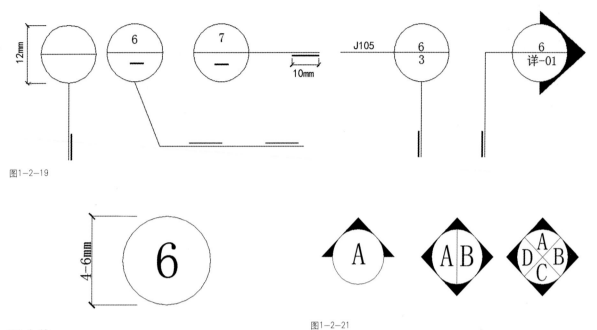

图1-2-19

图1-2-20

图1-2-21

注明该详图的编号，并在下半圆中间画一段水平粗实线。

（2）索引出的详图，如与被索引的详图不在同一张图纸内，应在索引符号的上半圆中用阿拉伯数字注明该详图的编号，并在下半圆中用阿拉伯数字注明该详图所在图纸编号。数字较多时可加文字标注。

（3）索引出的详图，如采用标准图，应在索引符号水平直径的延长线上加注该标准图册的编号。

（4）索引符号如用于索引剖视详图，应在被剖切的部位绘制剖切位置线，并用引线引出索引符号，引出线所在的一侧应为投射方向，剖切位置线为10mm。

（5）零件、钢筋、杆件、设备等的编号，以直径4—6mm的细实线圆表示，其编号应用阿拉伯数字按顺序编写。

### 3.室内立面索引符号

为表示室内立面在水平上的位置，应在平面图中用内饰符号注明视点位置、方向及立面的编号，立面索引符号由直径8—12mm的圆构成，以细实线绘制，并以三角形为投影方向共同组成。

圆内直线以细实线绘制，在立面索引符号的上半圆内用大写字母标识，下半圆标识图纸所在位置，在实际应用中也可扩展灵活使用。（图1-2-21）

### 4.图标符号

图标符号是用来标识图样的标题符号。对无法使用索引符号的图样，应在其下方以简单图标符号的形式表达图样的内容，图标符号由两条长短相同的平行直线和图名及比例组成。图标符号上面的水平线为粗实线，下面的水平线为细实线。（图1-2-22）

（1）粗实线的宽度分为1.5mm（A0、A1、A2）和1mm（A3、A4）。

（2）两线间距分别是1.5mm（A0、A1、A2）和1mm（A3、A4）。

（3）粗实线的上方是图名，右部为比例。

（4）图名文字设置为6mm（A0、A1、A2）和5mm（A3、A4）。

（5）比例数字为4mm（A0、A1、A2）和3mm（A3、A4）。

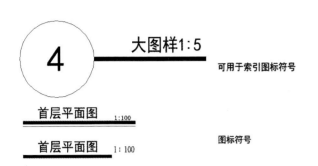

可用于索引图标符号

图标符号

图1-2-22

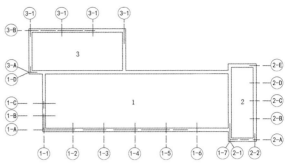

图1-2-24

## 5.定位轴线

确定图中的墙、柱、梁和屋架等主要承重构建位置的基准线，叫作定位轴线。它使房屋的平面划分及后配件统一并趋于简单，是结构计算、施工放线、测量定位的依据。

在施工图中定位轴线的标识要符合以下规定：

（1）定位轴线编号的圆用细实线绘制，直径8mm，用在详图中为10mm。

（2）轴线编号宜标注在水平图的下方与左侧。

（3）编号顺序应从左至右用阿拉伯数字编写，从下至上用大写拉丁字母编写，其中I、Z、O不用作轴线编号，以免和相似的数字混淆。如字母数量不够，可以用A1、B1……（图1-2-23）

（4）组合较复杂的平面图中，定位轴线也可以采用分区编号，编号形式应为"分区号—该分区编号"，分区号采用阿拉伯数字或大写拉丁字母表示。（图1-2-24）

（5）若房屋平面形状为折线，定位轴线编号也可以自左到右，自下到上依次编写。（图1-2-25）

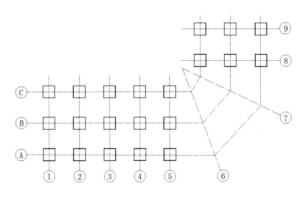

图1-2-25

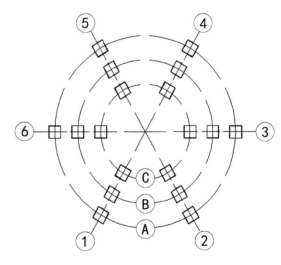

图1-2-26

（6）圆形平面图中定位轴线的编号，其径向轴线宜用阿拉伯数字表示，从左下角开始，按逆时针方向编写。（图1-2-26）

（7）某些非承重构件和次要的局部承重构件等，其定位轴线一般作为附加轴线。（图1-2-27）

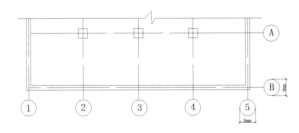

图1-2-23

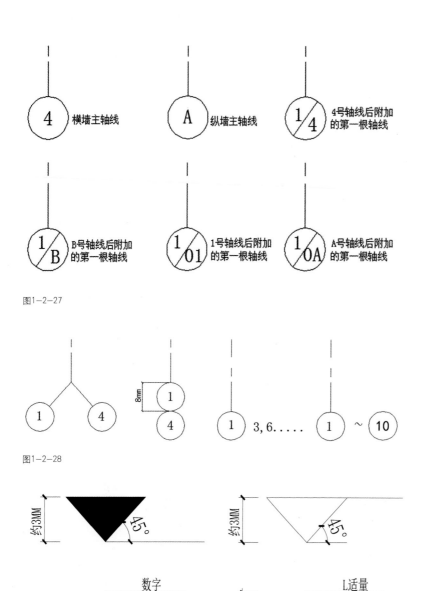

图1-2-27

图1-2-28

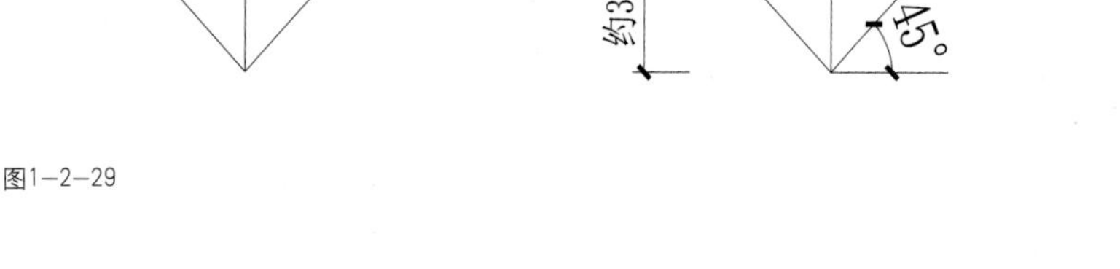

图1-2-29

（8）一个详图适用于几根轴线时，应同时注明各有关轴线的编号。（图1-2-28）

## 6.标高

室内及工程实体的标高和标高符号应以等腰直角三角形表示，用细实线绘制，一般以室内一层地面高度为标高的零点，低于该点时前面要标上负号，高于该点时不加任何符号。需要注意的是，标高以米为单位，标注到小数点后三位。（图1-2-29）

标高符号的尖端应指至被标注高度的位置。尖端一般应向下，也可向上。标高数字应注写在标高符号的左侧或右侧。在同一位置需要表示几个不同标高时，可按图1-2-30标注。

## 7.其他制图符号

除了以上讲到的制图符号外，还有一些大家熟知的制图符号，如图1-2-31。

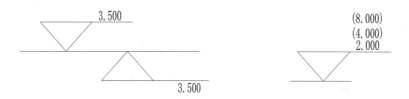

图1-2-30

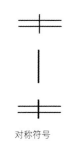

对称符号

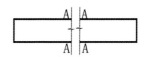

连接符号

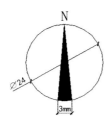

指北针符号

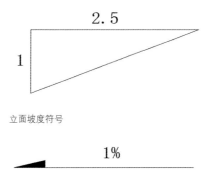

立面坡度符号

平面坡度符号

图1-2-31

## 第三节 //// 绘图步骤及方法

要提高绘图效率，除了必须熟悉《房屋建筑制图统一标准》，正确熟练地使用绘图工具外，还应按照一定的绘图步骤和方法进行。

### 一、绘图步骤

#### 1.准备

（1）做好准备工作，将铅笔按照绘制不同线型的要求削好；将圆规的铅芯磨好，并调整好铅芯与针尖的高低，使针尖略长于铅芯；用干净软布把丁字尺、三角板、图板擦干净；将各种绘图用具按顺序放在固定位置，洗净双手。

（2）分析要绘制图样的对象，收集参阅有关资料，做到对所绘图样的内容、要求心中有数。

（3）根据所画图纸的要求，选定图纸幅面和比例。在选取时，必须遵守国家标准的有关规定。

（4）将大小合适的绘图纸用胶带纸（或绘图钉）固定在绘图板上。

#### 2.用铅笔绘制底稿

（1）按照图纸幅面的规定绘制图框，并在图纸上按规定位置绘出标题栏。

（2）合理布置图面，综合考虑标注尺寸和文字说明的位置，定出图形的中心线或外框线，避免在一张图纸上出现太空或太挤的现象，影响图面匀称美观。

（3）先画图形的主要轮廓线，然后再画细部。画草稿时最好用较硬的铅笔，落笔尽可能轻、细，以便修改。

（4）画尺寸线、尺寸界线和其他符号。

（5）仔细检查，擦去多余线条，完成全图底稿。

### 3.加深图线、上墨或描图

（1）加深图线。用铅笔加深图线时应选用适当硬度的铅笔，并按下列顺序进行：

①先画上方，后画下方；先画左方，后画右方；先画细线，后画粗线；先画曲线，后画直线；先画水平方向的线段，后画垂直及倾斜方向的线段。

②同类型、同规格、同方向的图线可集中画出。

③画起止符号，填写尺寸数字、标题栏和其他说明。

④仔细核对、检查并修改已完成的图纸。

（2）上墨。上墨是在绘制完成的底稿上用墨线加深图线，步骤与用铅笔加深基本一致，一般使用绘图墨水笔。

（3）描图。在工程施工过程中往往需要多份图纸，这些图纸通常采用描图和晒图的方法进行。描图是用透明的描图纸覆盖在铅笔图上用墨线描绘，描图后得到的底图再通过晒图就可得到所需份数的复制图样（俗称蓝图）。

描图时应注意以下几点：

①将原图用丁字尺校正位置后粘贴在绘图板上，再将描图纸平整地覆盖在原图上，用胶带纸把两者固定在一起。

②描图时应先描圆或圆弧，从小圆或小弧开始，然后再描直线。

③描图时一定要耐心、细致，切忌急躁和粗心。图板要放平，墨水瓶千万不可放在绘图板上，以免翻到玷污图纸。手和用具一定要保持清洁干净。

④描图时若画错或有墨污，一定要等墨迹干后再修改。修改时可用刀片轻轻地将画错的线或墨污刮掉。刮时底下可垫三角板，力量要轻而均匀，千万别着急，以免刮破图纸。刮过的地方要用硬橡皮擦除痕迹，最后用软橡皮擦净并压平后重描。重描时注墨不要太多。

### 4.注意事项

（1）画底图时线条宜轻而细，只要能看清楚就行。

（2）铅笔选用的硬度：加深时粗线宜选用HB或B；细实线宜用2H或3H；写字宜用H或HB。加深圆或圆弧时所用的铅芯，应比同类型画直线的铅笔软1号。

（3）加深或描绘粗实线时应保证图线位置的准确，防止图线移位，影响图面质量。

（4）使用橡皮擦拭多余线条时，应尽量缩小擦拭面，擦拭方向应与线条方向一致。

### 5.指北针

指北针在建筑平面图和总图上，可明确表示建筑物的方位。指北针加风向图，还可说明此地常年主导风向，这不仅是设计师的重要依据，也是衡量建筑设计质量的标志之一。

## 二、工具线条图画法

用尺、圆规和曲线板等绘图工具绘制的、以线条特征为主的工整图样称为工具线条图。工具线条图的绘制是建筑设计制图最基本的技能。绘制工具线条图应熟悉和掌握各种制图工具的用法、线条的类型和等级及所代表的意义。

工具线条图的线条应粗细均匀、光滑整洁、交接清楚。作墨线工具线条时要考虑线条的等级变化。作铅笔线工具线条时除了考虑线条的等级变化外还应考虑铅芯的浓淡，使图面线条对比分明。通常剖断线最粗最重，形体外轮廓线次之。主要特征的线条较粗较重，次要内容的线条较细较轻。线条的加深与加粗如图1-3-1所示。

铅笔线宜用较软的铅笔B~3B加深或加粗，然后用较硬的铅笔H~B将线边修齐。

墨线的加粗，可先画边线，再逐笔填实。如果一下笔就画粗线，由于下水过多，容易在起笔处胀大，纸面也容易起皱。（图1-3-2）

| | 正　确 | 不　正　确 |
|---|---|---|
| 粗线与稿线的关系：稿线应为粗线的中心线 | | |
| 两稿线距离较近时可沿稿线向外加粗 | | |
| 粗线的接头 | | |

图1-3-1　线条的加深与加粗

图1-3-2　墨线加粗方法

[思考与练习题]

◎　绘图板有几种规格？对应的图纸尺寸分别是多少？

◎　请用正确的姿势使用丁字尺，并简要阐述其要点。

◎　计算按照图1-1-2比例尺的刻度比例，计算其所代表的实际距离各是多少？

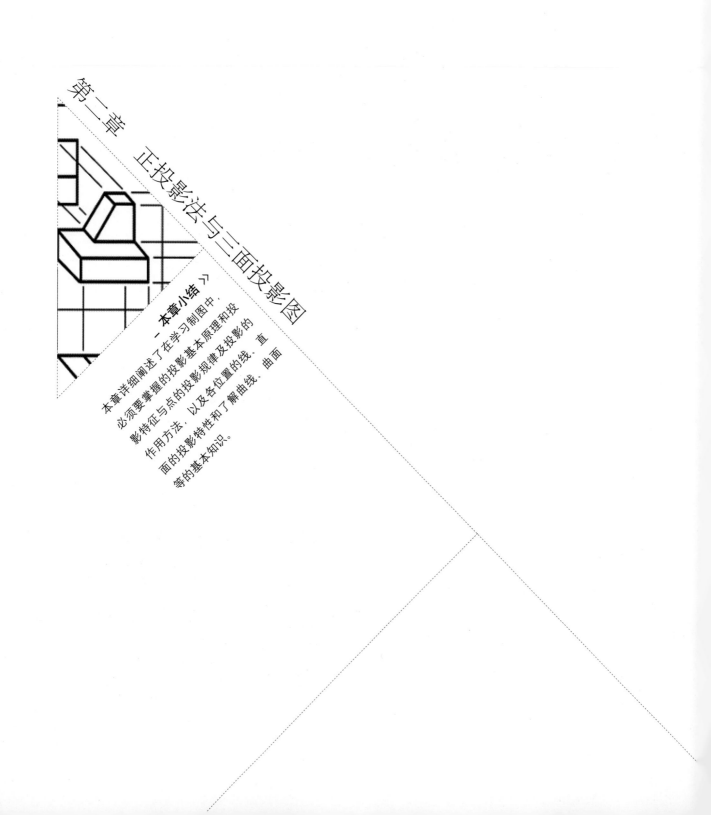

第二章　正投影法与三面投影图

【本章小结】

本章详细阐述了在学习制图中，必须要掌握的投影基本原理和投影特征与点的投影规律及投影的作用方法，以及各位置的线、直面的投影特性和了解曲线、曲面等的基本知识。

# 第二章　正投影法与三面投影图

## 第一节 //// 空间投影理论

### 一、空间投影理论

生活中人们通常所见的图像一般都是立体图，这种图和实际物体所得到的印象比较一致，容易看懂。但是这种图不能把物体的真实形状、大小准确地展现出来，不能满足工程制作和施工的要求，更不能全面地表达设计者的意图。

因此我们在学习制图知识之前，必须掌握投影的基本原理和投影特征，掌握点的投影规律及投影作图的方法；掌握各种位置的线、直面的投影特性，了解曲线、曲面等的基本知识。

#### （一）投影的基本概念

人们在日常生活中经常看到这样的自然现象——光线照射物体，在墙面或地面上产生影子，当光线照射角度或距离改变时，影子的位置、形状也随之改变。人们从这些现象中认识到光线、物体和影子之间存在着一定的内在联系。例如，灯光照射桌面，在地上产生的影子比桌面大，如果灯的位置在物体的正中上方，它与桌面的距离愈远，则影子愈接近物体的实际大小。

投影原理就是从这些概念中总结出来的一些规律，作为制图方法的理论依据。在制图中把表示光线的线称为投影线，把落影平面称为投影面，把所产生的影子称为"投影"图。

由一点放射的投射线所产生的投影称为中心投影。由相互平行的投射线所产生的投影称为平行投影。根据投射线与投影面的角度关系，平行投影又分为两种：平行投射线与投影面斜交的称为斜投影；平行投射线垂直于投影面的称为正投影。

一般的工程图纸，都是按照正投影的概念绘制的，即假设投射线互相平行，并垂直于投影面。为了把物体各面和内部形状变化都反映在投影图中，

还假设投射线是可以透过物体的，见图2-1-1。

1. 点、线、面的投影

（1）点的正投影规律：点的正投影仍是点，如图2-1-2所示。

（2）直线的正投影规律：

①直线平行于投影面，其投影是直线，反映实长，如图2-1-3(a)所示。

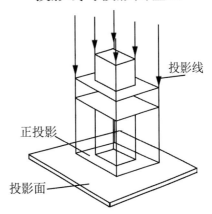

## 投影线与投影面垂直

图2-1-1

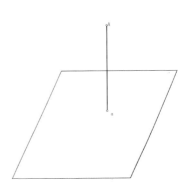

图2-1-2

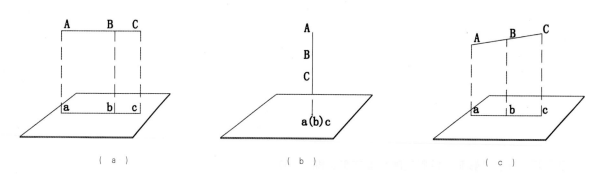

（ a ）　　　　　　　　（ b ）　　　　　　　　（ c ）

图2—1—3

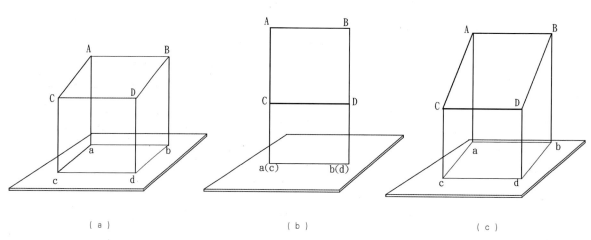

（ a ）　　　　　　　　（ b ）　　　　　　　　（ c ）

图2—1—4

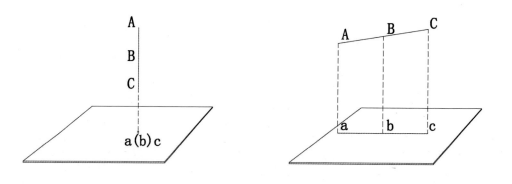

图2—1—5

②直线垂直于投影面，其投影仍是直线，但长度缩短，如图2-1-3(b)所示。

③直线倾斜于投影面，其投影仍是直线，但长度缩短，如图2-1-3(c)所示。

④直线上一点的投影，必在该直线的投影上，如图2-1-3(a)、(b)、(c)所示。

⑤一点分直线为两线段，其两段投影之比等于两线段之比，称为定比关系。

（3）平面的正投影规律：

①平面平行于投影面，投影反映平面实形，即形状、大小不变，如图2-1-4(a)所示。

②平面垂直于投影面，投影积聚为直线，如图2-1-4(b)所示。

③平面倾斜于投影面，投影变形，面积缩小，如图2-1-4(c)所示。

2.投影的积聚与重合

（1）一个面与投影面垂直，其正投影为一条线。这个面上的任意一点或其他图形的投影也都聚在这一条线上。一条直线与投影面垂直，它的正投影成为一点，这条线上任意一点的投影也都落到这一点上。投影中的这种特性称为积聚性。（图2-1-5）

（2）两个或两个以上的点(或线、面)的投影，叠合在同一投影上叫作重合。

## 第二节 //// 三面正投影图

### 一、三面正投影图的形成

制图首先要解决的矛盾是如何将立体实物的形状和尺寸准确地反映在平面的图纸上。一个正投影图能够准确地表现出物体的一个侧面的形状，但不能表现出物体的全部形状。如果将物体放在三个相互垂直的投影面之间，用三组分别垂直于三个投影面的平行投射线投影，就能得到这个物体的三个方面的正投影图。一般物体用三个正投影图结合起来就能反映它的全部形状和大小。

三组投射线与投影图的关系：在图2-2-1中，平行投射线由前向后垂直V面，在V面上产生的投影叫作正立投影图；平行投射线由上向下垂直H面，在H面上产生的投影叫作水平投影图；平行投射线由左向右垂直W面，在W面上产生的投影叫作侧投影图。三个投影面相交的三条凹棱线叫作投影轴。在图2-2-1中，OX、OZ、OY是三条相互垂直的投影轴。

图2-2-1中的三个正投影图是分别在V、H、W三个相互垂直的投影面上，怎样把它们表现在一张图纸上呢？我们设想V面保持不动，把H面绕OX轴向下翻转90°，把W面绕OZ轴向右转90°，则它们就和V面同在一个平面上了。这样，三个投影图就能画在一张平面的图纸上了。（图2-2-2）

三个投影面展开后，三条投影轴成为两条垂直相交的直线；原OX、OZ轴位置不变，原OY轴则分为两条轴线。（图2-2-2）

### 二、平面体、斜面体和曲面体的投影

在建筑中我们经常看到多种形体，但按其不同的投影特点，可分为平面体和曲面体两大部分。物体的表面是由平面组成的称为平面体。建筑工程中绝大部分的物体都属于这一种。组成这些物体的简单形体包括正方体、长方体以及统称为斜面体的棱柱、棱锥、棱台。有各种圆弧造型的建筑体面，我们称之为曲面体。

本章主要介绍各种常见的平面体、斜面体和曲面体的投影特征。

投影理论的研究对象是空间形体的形状、大小及其图示方法。各种建筑物都可看成是一些比较复杂的形体。通过细心观察，就会发现无论多么复杂的建筑型体都可以看成是若干个简单的基本形体的组合。

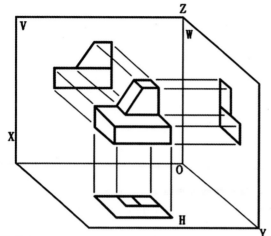

图2-2-1

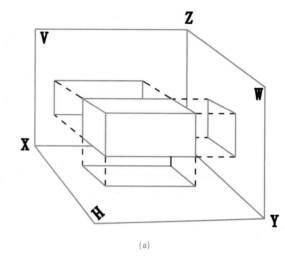

(a)

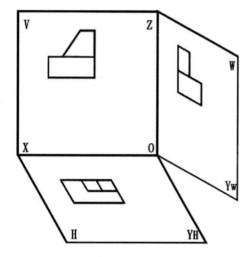

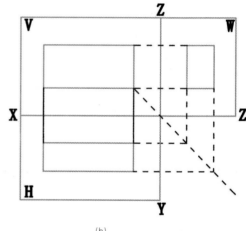

(b)

图2-2-3 长方体的三面投影

### 1. 长方体投影

长方体的表面是由六个正四边形（正方形或矩形）平面组成的，面与面之间的两条棱之间都是互相平行或垂直的。例如，一块砖就是一个长方体，它是由上下、前后、左右三对互相平行的矩形平面组成的，相邻的两个平面都互相垂直，棱线之间也都是互相平行或垂直的。

把长方体（例如砖）放在三个相互垂直的投影面之间，方向位置摆正，即长方体的前、后面与V面平行；左、右面与W面平行；上、下面与H面平行。这样所得到的长方体的三面正投影图，反映了长方体的三个方面的实际形状和大小，综合起来，就能说明它的全部形状。

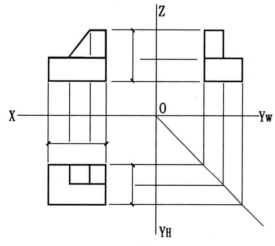

图2-2-2

如图2-2-3(a)所示为一长方体，它的顶面和底面为水平面，前后两个棱面为正平面，左右两个棱面为侧平面。

图2-2-3(b)是这个长方体的三面投影图。H面投影是一个矩形，为长方体顶面和底面投影的重合，顶面可见，底面不可见，反映了它们的实形。矩形的四边是顶面和底面上各边的投影，反映实长，也是四个棱面积聚性的投影。矩形的四个顶点是顶面和底面对应的四个顶点投影的重合，也是四条垂直于H面的侧棱积聚性的投影。用同样的方法，还可以分析出该长方体的V面和H面投影的结果，也分别是一个矩形。

从现在起，投影图中将不再画出投影轴，这是因为在立体的投影图中，投影轴的位置只反映空间立体与投影面之间的距离，与立体的投影形状和大小无关。省略投影轴后，立体的三面投影之间仍应保持"长对正""高平齐""宽相等"的对应关系，这个对应关系在图2-2-3(b)中可以看得十分清楚：形体在V面和H面上反映的长度相同，左右对齐，称为"长对正"；形体在V面和W面上反映的高度相同，上下对齐，称为"高平齐"；形体在H面和W面上反映的宽度相同，前后对齐，称为"宽相等"。省略投影轴后，利用这个对应关系就可以画出立体的投影图。

（1）面的投影分析。以长方体的前面即P面为

例，P面平行于V面，垂直于H面和W面。其正立投影p1反映P面的实形（形状、大小均相同），其水平投影和侧投影都积聚成直线，如图2-2-4（a）所示。长方体其他各面和投影的关系，也都平行于一个投影面，垂直于另外两个投影面。各个面的三个投影图都有一个反映实形，两个积聚成直线。

（2）直线的投影分析。长方体上有三组方向不同的横线，每组横线互相平行，各组横线之间又相互垂直。当长方体在三个投影之间的方向位置放正时，每条横线都垂直于一个投影面，平行于另外两个投影面。以棱线AB为例，它平行于V面和H面，垂直于W面，所以这条棱线投影积聚为一点，而正立投影和水平投影为直线，并反映棱线实长，如图2-2-4（b）所示。同时可以看出，互相平行的直线其投影也相互平行。

（3）点的投影分析。长方体上的每一个棱角都可以看作是一个点，从图2-2-4（c）可以看出每一个点在三个投影图中都有它对应的三个投影。例如A点的三个投影为a、a1、a2。

A点的水平投影a和侧投影a2，共同反映A点在物体上的前后位置以及A点与V面的垂直距离(Y轴坐标)，所以a和a2一定互相对应。

A点的正投影a1和水平投影a，共同反映A点在物体上的左右位置以及A点与W面的垂直距离（X轴坐标），所以a和a1一定在同一条垂线上。

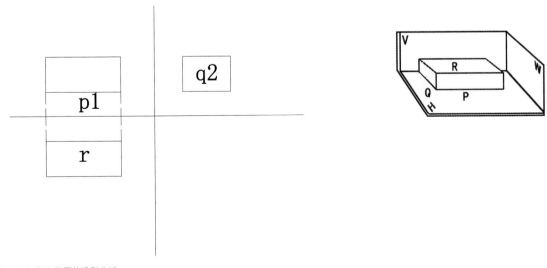

图2-2-4（a）长方体面的投影分析

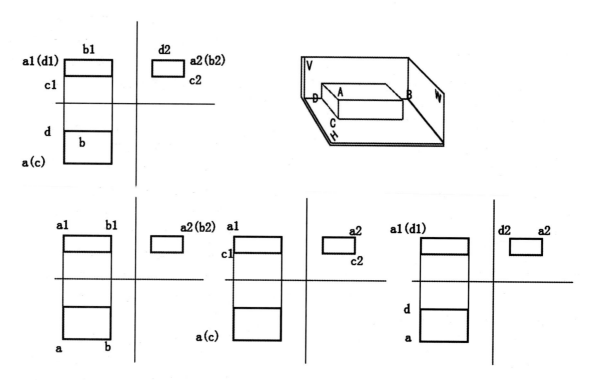

图2-2-4 (b) 长方体直线的投影分析

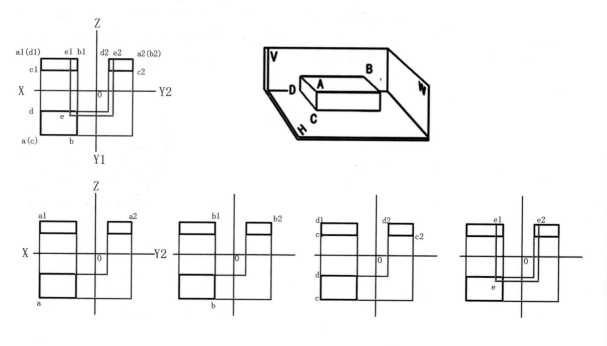

图2-2-4 (c) 长方体点的投影分析

## 2．两平面立体相贯的投影

两平面立体的相贯线一般是封闭的空间折线，这些折线可在同一平面上，也可不在同一平面上。平面体相贯时，每段折线是两个平面立体上有关表面的交线，折点是一个立体上的某一棱线与另一立体表面的贯穿点。

求两平面立体相贯线的方法通常有以下三种。

①直接作图法：适用于两立体相贯时，有一立体的相贯表面在某投影面上有积聚性投影的情况。

②辅助直线法：适用于已知相贯线上某点的一个投影、求其他两个投影的情况。

③辅助平面法：适用于两相贯立体均无积聚性投影或其他情况。

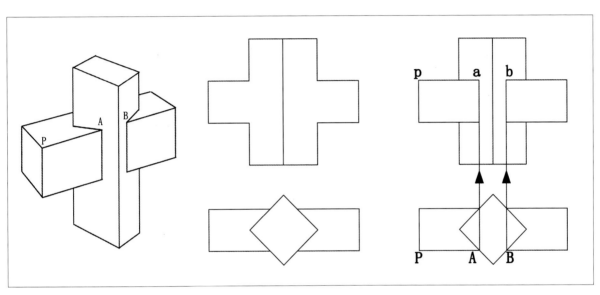

(a) 立体示意图　　　　　　(b) 已知条件　　　　　　(c) 作图过程及结果

图2-2-5　用直接作图法求相贯线

下面，通过例题分别介绍这三种求解方法。

（1）直接作图法

如图2-2-5所示，由两个四棱柱形成相贯体，已知它们的三面投影轮廓，求作相贯线，并补全相贯体的三面投影。

（2）辅助直线法

某些情况下，虽然立体表面或棱线有积聚性投影，但不在给定的投影面内，不便作图。或由于位置特殊，不能完全利用积聚性直接求出相贯点的各面投影，此时可在立体表面作辅助线来求得贯穿点。

如图2-2-6所示，已知烟囱与屋面的H面投影和

V面投影轮廓，求它们的W面投影。

（3）辅助平面法

①通过孔洞顶面作水平面$P_{1v}$，求出H面的上截交线的投影。

$P_{1v}$与三棱锥相交后的截交线在H投影面上的投影是一个三角形，从孔洞顶面两条侧棱贯穿三棱锥表面所得四个顶点的V面投影向H面引投影连线，在H投影面上与这个三角形的边相交就得到这四个顶点的H面投影。（图2-2-7）。

②采用相同方法，过孔洞底面作水平辅助面P2v，也可得到孔洞底面两条侧棱贯穿三棱锥表面所得四个顶点的H面投影。（图2-2-7b）

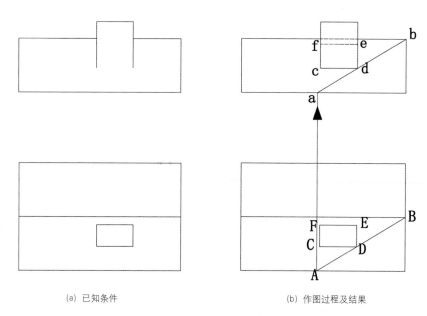

(a) 已知条件　　　　　　　　　　(b) 作图过程及结果

图2-2-6　通过辅助直线法求相贯线

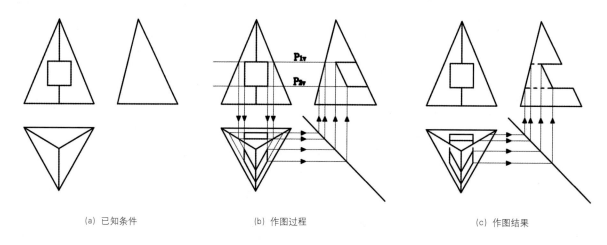

(a) 已知条件　　　　　　　(b) 作图过程　　　　　　　(c) 作图结果

图2-2-7　通过平面辅助画法求相贯线

③在H面上连接各个顶点，判别其可见性。最后可得到三棱锥被挖方孔后的H面投影。根据投影的对应关系，由H、V面投影得到W面投影。作图结果见图2-2-7（c）。为便于学习和理解，图2-2-7（c）保留了部分投影连线。

### 3.斜面体投影

凡是带有斜面的平面体，统称为斜面体。棱柱（不包括四棱柱）、棱锥、棱台等都是斜面体的基本形体。建筑工程中，有坡顶的房子和有斜面的构件都可以看作是斜面体的组合体。

（1）斜面形体的叠加。多数形态复杂的斜面组合体，都可以看作是几个简单形体叠加在一起的一个整体。因此，只要画出各简单体的正投影，按它们的相互位置叠加起来，即成为斜面体组合体的正投影。（图2-2-8）

斜面体组合体的正投影也有不可见的线和交线。但两个简单体上的平面组合相接成一个平面

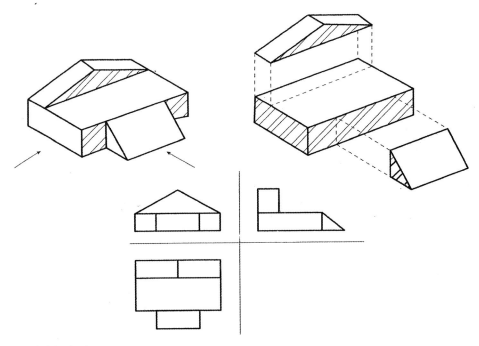

图2-2-8 斜面体组合体的正投影

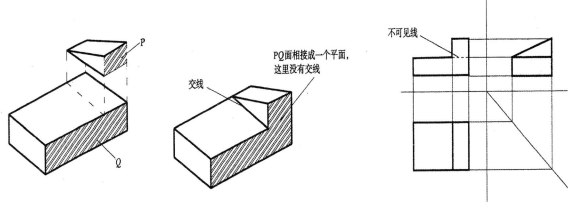

图2-2-9 斜面体组合体的投影也有不可见的线和交线

时，它们之间没有交线。（图2-2-9）

看图时，首先要找出组合体各部分（简单体）相应的三个投影，综合起来观察各部分的立体形状，然后再把它们结合在一起，就容易想象出整体的形状。

（2）坡屋顶的画法。坡屋顶是一种常见的屋顶形式，是由多个几何体构成的组合体。一般有两坡顶和四坡顶两种。如图2-2-10和图2-2-11所示。同一个屋顶的各个坡面，通常成对水平倾角相等，所

以又称同坡屋顶。由于两种形式的同坡屋面都是由基本几何体构成的组合体，所以它们的投影符合组合体的投影。

从图2-2-10可以看出，坡屋顶(P面)和烟囱的四条交线是AB、BC、CD、DA这四条交线的水平投影与烟囱的水平投影完全重合，AB和DC的侧投影积聚为两点，AD和BC的侧投影都积聚在P面的侧投影上。

作图方法：

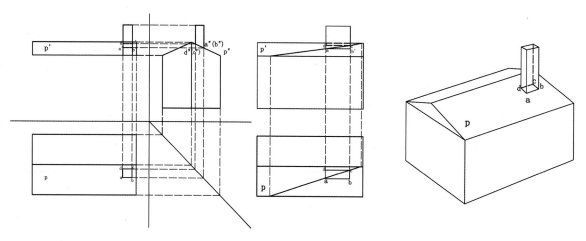

图2-2-10　同坡屋顶的作图

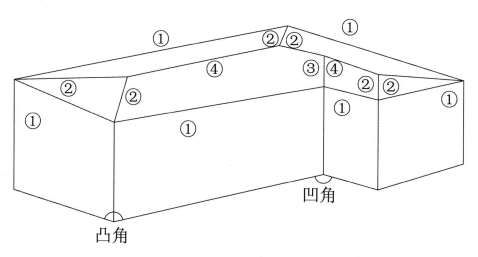

凹角

凸角

图2-2-11　坡屋顶投影规律1

（1）交线的正立投影不能直接画出来，可根据"三等"关系，从水平投影和侧投影找A、B、C、D点的正立投影，连接起来即可。DC在烟囱后面是不可见线，所以a′c′应画作虚线。

（2）当没有侧投影时，可根据点在线上、线在面上的原理，过ac画一辅助线与屋面上两直线相交，求出其正投影得a′、c′，过a′、c′分别作两条水平线得b′、d′，a′b′为实线，c′d′为虚线，如图2-2-10所示。

（3）坡屋顶投影。当屋顶由几个与水平面倾角相等的平面所组成时，就叫同坡屋顶。同一建筑往往可以设计成多种形式的屋顶，如两坡顶、四坡顶、歇山屋顶等。其中最常用、最基本的形式是屋檐高度相等的同坡屋顶。其投影规律如下：

①相邻两屋面相交，其交线的水平投影必在两屋檐夹角水平投影的分角线上(一般夹角为90°时，画45°线即可)。当屋顶夹角为凸角时，交线叫斜脊；夹角为凹角时，交线叫天沟或斜沟。（图2-2-11）

②相对两屋面的交线交平脊，其水平投影必在与两屋檐距离相等的直线上。

③在水平投影上，只要有两条脊线（包括平脊、斜脊或天沟）相交于一点，必有第三条脊线相交。跨度相等时，有几个屋面相交，必有几条脊线

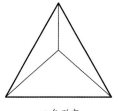 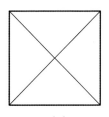 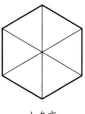 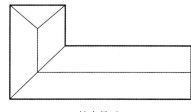

三角形亭　　　　　　　四方亭　　　　　　　六角亭　　　　　　　　　转角屋顶

图2-2-12 坡屋顶投影规律2

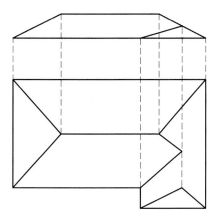 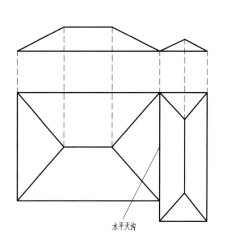

水平天沟

图2-2-13 坡屋顶投影规律3

交于一点。（图2-2-12）

④当建筑墙身外形不是矩形时，如L形、门形、山形等，屋面要按一个建筑整体来处理，避免出现水平天沟。（图2-2-13）

⑤在正投影和侧投影图中，垂直于投影面的屋顶，能反映屋顶坡度的大小，如图2-2-13所示。空间互相平行的屋面，其投影线也互相平行。建筑跨度越大，屋顶越高。跨度小的屋面插在跨度大的屋面上。

### 三、曲面体投影

在建筑设计制图中常常会遇到圆柱、壳体屋盖、隧道的拱顶等曲面图形，它们的几何形状是曲面体。因此，在制图中应熟悉了解它们的特殊性。

两曲面立体相贯

两曲面体的相贯线，一般是封闭的空间曲线，在特殊情况下是平面曲线。求相贯线的方法通常有直接作图法和辅助平面法。

如图2-2-14所示。已知一仓库屋面是两拱形屋面相交，求它们的交线。

由图2-2-14可知屋面的大拱是抛物线拱面，小拱则是半圆柱面。前者竖线垂直于W面，后者竖线垂直于V面，两拱轴线相交且平行于H面。相贯线是一段空间曲线，其V面投影重影在小圆柱的V面投影上，W面投影重影在大拱的W面投影上。H面投影的曲线，在求出相贯线上一系列的点后，可以作出。

（1）求特殊点：最高点a是小圆柱最高竖线与大拱的交点，最低、最前点b、c（也是最左、最右点），是小圆柱最左、最右竖线与大拱最前竖线的交点。它们的三投影均可直接求得。

（2）求一般点1、2。在相贯线V面投影的半圆周上任取点1′和2′，则1″、2″必在大拱的W面的积聚性投影上，根据1′和2′及1″，可求得1、2。

（3）连点并判别可见性。在H投影上，依次连接b、1、a、2、c，即为所求。由于两拱形屋面的H投影均为可见，所以相贯线的H投影可见，画成粗实线。

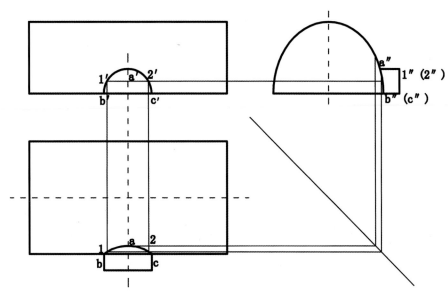

图2-2-14　两圆拱的相贯线做法

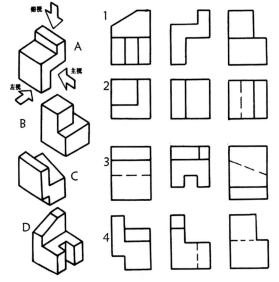

思考图1

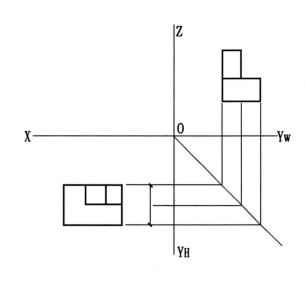

思考图2

# 第三章 建筑制图

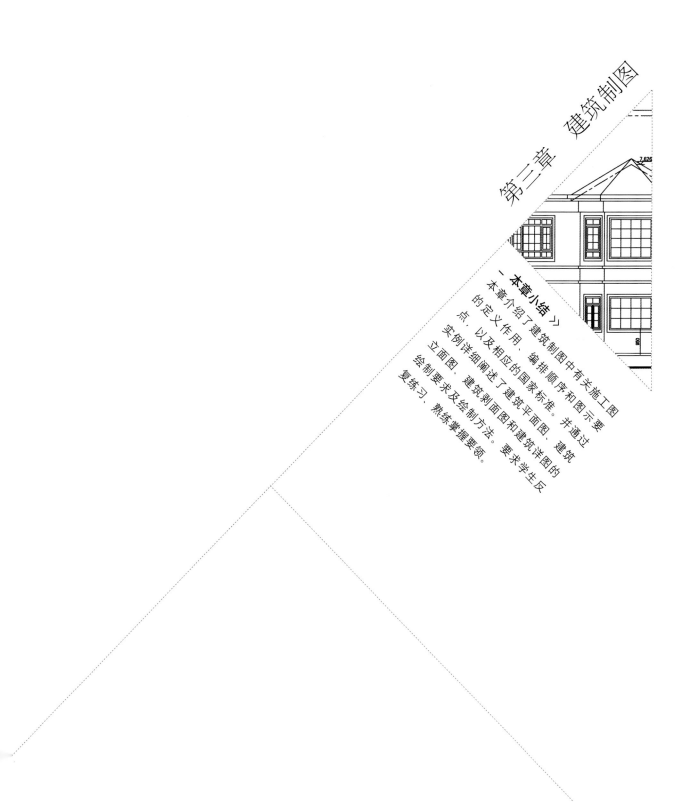

## 《本章小结》

本章介绍了建筑制图中有关施工图的定义作用、编排顺序和图示要点，以及相应的国家标准。并通过实例详细阐述了建筑平面图、建筑立面图、建筑剖面图和建筑详图的绘制要求及绘制方法。要求学生反复练习，熟练掌握要领。

# 第三章　建筑制图

## 第一节//// 概述

理解了投影的原理和绘制方法，就可以开始正式学习建筑制图的绘制了。建筑制图是由建筑物在二维的投影视图上形成的，它的内容包括总平面、各层平面、顶面、立面、剖面和详图，类型有方案图、施工图和竣工图等。

### 一、施工图的定义及作用

施工图是设计单位的"技术产品"，是设计意图最直接的表达，是指导工程施工的必要依据。

施工图对工程项目完成后的质量与效果负有相应的技术与法律责任，施工图设计文件在工程施工过程中起着主导作用。

(1)能据以编制施工组织计划及预算。

(2)能据以安排材料、设备定货及非标准材料和构件的制作。

(3)能据以安排工程施工及安装。

(4)能据以进行工程验收及竣工核算。

施工图设计文件除对工程具体材料及做法进行表达外，还应明确与工程相关的标准构配件代号、做法及非标准构配件的型号及做法。

### 二、施工图设计应符合国家标准设计制图规范

在施工图设计中应积极推广和正确选用国家行业和地方的标准设计，并在设计文件的图纸目录中注明图集名称，其目的在于统一施工设计制图规范，保证制图质量，提高制图效率。做到图面清晰、简明，符合设计、施工、存档的要求，适应工程建设的需要。

### 三、建筑组成

目前国家还没有正式颁布室内设计和景观设计制图的标准，所以当前基本上是沿用建筑或家具的制图规范。由于室内设计和景观设计制图的专业特点，在某些图线的表达方面与建筑制图尚有区别。于是在实际的绘制工作中，往往会有一些混乱的情况。我们认为，在国内目前的情况下，室内设计的正投影制图还是应该遵循建筑制图的规范。所以下面我们就先从建筑制图进行基本介绍，然后引入到室内装修设计施工图和景观设计施工图的讲解。

建筑是供人们生活、生产、工作、学习和娱乐的场所，人们的一切生活环境都离不开这个物质载体，从古至今，建筑都与我们的生活息息相关。

环境艺术设计、景观设计等学科与建筑有着密切关系。所以要学好环境艺术设计、景观设计制图，首先要掌握基本建筑制图的方法，它是设计制图的基础。

按其使用性质，建筑物一般可分为民用建筑、工业建筑和农用建筑三大类，但其基本组成内容是相似的。其中民用建筑按其使用性质分又可分为居住建筑（如住宅、宿舍等）和公共建筑(如商场、影剧院、体育馆等)。

制图是为了表明建筑物的内外形状大小，各部分构造及布置、装修等内容的图样。为了能看懂图纸，首先我们需要了解建筑物的基本组成和作用。

1.基础　基础是位于墙或柱的最下部（也称地基），是与土层直接接触的部分，并把建筑物的全部负荷传给地基。基础的大小取决于荷载的大小、性质和承载方式。

2.墙和柱　墙和柱是建筑物的承重及围护构件。墙起抵御风霜雨雪和分隔房屋内部空间的作用。按受力情况分为承重墙和非承重墙，承重墙起传递负荷给基础的承受作用。按位置和方向分为外墙和内墙、纵墙和捧墙，有时为了扩大空间和建筑结构，不采用墙承重，而采用柱承重。柱是将上部结构所承受的负荷传递给地基的承重构件，按需要将作用在其上的负荷连同自重一起传给墙或其他构件。

3.楼梯　楼梯是建筑的垂直交通工具，供人们上

下楼层和紧急疏散之用。

4.楼板 楼板是建筑空间的水平承重分隔构件。它将建筑物垂直方向分隔成若干层，并将建筑物中的竖向荷载及楼板自重通过墙或柱传递给基础。

5.门窗 门窗主要起采光和通风作用，同时门窗还是影响建筑立面和室内装饰效果的重要构件。

6.屋顶 屋顶是建筑物顶部构件，形式有坡屋顶、平屋顶等。屋顶由屋面和屋架组成。屋面用以防御风沙雨雪的侵蚀和太阳辐射；屋架支于墙和柱上，并将其自重及屋面的荷载传至墙和柱子上。屋顶应竖固、耐久、防渗漏，并能保温和隔热。

7.女儿墙 外墙伸出屋面向上砌筑的矮墙。

## 第二节//// 图纸的编制顺序

### 一、施工图的产生

将一幢拟建建筑的内外形状和大小，以及各部分的结构、构造、装修、设备等内容，按照"国标"的规定，用正投影方法详细准确地画出的图样，称为"房屋建筑图"。它是用以指导施工的一套图纸，所以又称为"施工图"。

建筑的建造一般需经设计和施工两个过程。而设计工作一般又分为两个阶段：一是初步设计；二是施工图设计。对一些技术上复杂而又缺乏设计经验的工程，还应增加技术设计(或称扩大初步设计)阶段，用以协调各工种之间的矛盾和为绘制施工图做准备。

初步设计的目的是提出方案，详细说明该建筑的平面布置、立面处理、结构造型等内容。施工图设计是为了修改和完善初步设计，以符合施工的需要。

现将设计中两个阶段的工作简单介绍如下。

#### 1.初步设计阶段

（1）设计前的准备

接受甲方任务，明确设计要求，了解相关设计规范和装饰施工工艺，收集资料，调查研究。

（2）方案设计

方案设计主要通过平面、剖面和立面等图样，把设计意图表达出来。

（3）绘制初步设计图

方案设计确定后，需进一步去解决材料选择、布置和各工种之间的配合等技术问题，从而对方案做进一步的修改。图样按一定比例绘制好后，送甲方征求意见。

初步设计图的内容：包括总平面布置图、建筑平、立、剖面图。

初步设计图的表现方法：绘图原理及方法与施工图一样，只是图样的数量和深度(包括表达的内容及尺寸)有较大的区别。同时，初步设计图图面布置可以灵活些，图样的表现方法可以多样些。例如可画上阴影、透视、配景，或用色彩渲染，或用色彩绘画等，以加强图面效果，表示建筑物竣工后的外貌，以便比较和审查。必要时还可做出小比例的模型来表达。

#### 2.施工图设计阶段

施工图设计主要是将已经被甲方批准的初步设计图，从满足施工要求的角度予以具体化，为施工安装、编制施工图预算、安排材料设备等制作提供完整正确的图纸依据。

施工图绘制要求严格遵守规范，一套项目的施工图纸要求所有符号一致，由计算机绘制出图。

### 二、编制顺序

一般工程设计中的施工图包括如下内容：

#### 1.封面

施工图的封面上要标有项目名称、建设单位名称、设计单位名称、设计编排时间四个部分的内容。

## 2. 图纸目录

图纸目录是施工图纸的明细和索引。图纸目录应排列在施工图纸的最前面，且不编入图纸序号内，其目的在于出图后增加或修改图纸时，方便目录的续编。

图纸目录应先列新绘制的图纸，后列所选用的标准图纸或重复利用的图纸。

图纸目录编排应注意：

（1）新绘图纸应按首页(设计说明、材料做法、装修门窗表)、基本图(平、立、剖面图)和详图三大部类编排目录。

(2)标准图，目前有国家标准图、大区标准图、省市标准图、本设计单位标准图四类。选用的图一般只写图册号及图册名称，数量多时可只写图册号。

(3)重复利用图，多是利用本单位其他工程项目图纸，应随新绘图纸出图。重复利用图须在目录中写明项目名称、图别、图号、图名。

(4)图号应从"1"开始依次编排，不得从"0"开始。

(5)图纸规格应根据复杂程度确定，并尽量统一，以便于施工现场使用。

## 3. 首页

（1）设计总说明。主要介绍工程概况、设计依据、设计范围及分工、施工及制作时应注意的事项，其内容包括：

①本项工程施工图的设计依据。

②根据初步设计的方案，说明本项目工程的概况。其内容一般包括工程项目名称、项目地点、建设单位、建筑面积、耐火等级、设计依据、设计构思等。

③对于工程项目中有特殊要求的施工做法的说明。

④对采用的新材料、新施工方法的说明。

(2)工程材料做法表。工程材料做法表应包含本设计范围内各部位的装饰用料及构造做法，以文字逐层叙述的方法为主或引用标准图做法与编号，否

则应另绘详图说明。

编写材料施工方法表格应注意：

①表格中做法应与被索引图册的做法名称、内容一致，否则应加注"参见"二字，并在备注中说明变更内容。

②详细做法无标准图可引用时，应另见书写说明，并加索引号。

③对于选用的新材料、新工艺应落实可靠。

(3)装修门窗表。门窗表是一个子项中所有门窗的汇总与索引，目的在于方便工程施工、编写预算及厂家制作。

## 4. 室内设计施工图图纸

(1)总平面图

(2)各层平面图

(3)地坪图

(4)各层顶面图(天花图)

(5)各层立面图

(6)各层剖面图

(7)装饰构造详图

(8)装修电路施工图

(9)水路施工图

(10)设备施工图

## 5. 景观设计施工图图纸

一般工程设计中的室外景观园林工程图纸资料包括以下内容。

(1)图纸目录

(2)工程红线图

(3)总平面图

(4)现状图

(5)规划平面图

(6)规划剖面图

(7)设计平面图

(8)景观分析图

(9)道路分析图

(10)定位图

(11)竖向分析图

(12)剖面图(断面图)

(13)平面详图(例如入口处局部平面详图、水池平面详图、小庭院平面详图等)

(14)详图(例如围墙详图、水幕墙详图等)

(15)剖面详图(例如铺装剖面详图、路缘石剖面详图、挡土墙剖面详图等)

(16)环境小品配工图

(17)环境小品详图

(18)指示系统配工图

(19)指示系统设计详图

(20)植被分布现状图

(21)植被砍伐、移栽规划设计图

(22)绿化栽植图(包括高木植栽图、灌木、地被植物栽植图)

(23)栽培土壤剖面详图

(24)树木支架详图

(25)室外电力设备总图

(26)给排水设备图

### 三、施工图图示特点

（1）施工图中的各图样主要是用正投影法绘制的。通常，在H面上作平面图，在V面上作正、背立面图，在W面上作剖面图或侧立面图。在图幅大小允许的情况下，可将平、立、剖面三个图样按投影关系画在同一张图纸上，以便于阅读。如果图幅过小，平面图、立面图和剖面图可分别单独画出。

(2)建筑形体较大，所以施工图一般都用较小比例绘制。由于建筑内各部分构造较复杂。在小比例的平、立、剖面图中无法表达清楚，所以还需要配以大量较大比例的详图。

(3)由于建筑的构、配件和材料种类较多，为作图简便起见，"国标"规定了一系列的图形符号来代表建筑构配件、卫生设备、建筑材料等，这种图形符号称为图例。为读图方便，"国标"还规定了许多标注符号。所以施工图上会出现大量各种图例和符号。

### 四、阅读图纸的步骤

图纸的绘制是前述各章投影理论和图示方法及有关专业知识的综合应用。因此，要看懂施工图纸的内容，必须做好下面一些准备工作。

(1)应掌握作投影图的原理和形体的各种表示方法。

(2)要熟识施工图中常用的图例、符号、线形、尺寸和比例的意义。

(3)由于施工图中涉及一些专业上的问题，故应在学习过程中善于观察和了解房屋的组成和构造上的一些基本情况。但对更详细的专业知识应留待专业课程中学习。

一套设计施工图纸，简单的有几张，复杂的有十几张、几十张甚至几百张。当我们拿到这些图纸时，究竟应从哪里看起呢?

首先根据图纸目录，检查和了解这套图纸有多少类别，每类有几张。按目录顺序通读一遍，对工程对象的建设地点、周围环境、建筑物的大小及形状、结构形式和建筑关键部位等情况先有一个概括的了解。然后，根据不同要求，重点深入地看不同类别的图纸。阅读时，应按先整体后局部、先文字说明后图样、先图形后尺寸等依次仔细阅读。阅读时还应特别注意各类图纸之间的联系。

### 第三节 //// 建筑平面图

建筑平面图是室内设计施工图中最基本、最主要的图纸，其他图纸(立面图、剖面图及其某些详图)是以它为依据派生和深化而成的，同时平面图也是其他相关工种(结构、设备、水暖、消防、照明、配电等)进行分项设计与制图的重要依据。反之，其他工种的技术要求也主要在平面图中表示。

假设用一水平面剖切沿房屋的门窗洞口(距地面1.5m左右)，将房屋整个切开，移去上面部分，对其下面部分作出的水平剖面图，称为建筑平面图，简称平面图。

沿底层门窗洞口剖切得到的平面图称为底层平面图或一层平面图。用同样的办法亦得到二层平面图、三层平面图……顶层平面图。如果中间各层的房间平面布工完全一样时，则相同楼层可用一个平面图表示，该平面图称为标准层平面图，否则每一层都要画出平面图。当建筑平面图为对称图形时，可将两层平面图画在同一个图上，即不同楼的平面图各画一半，其中间用一对称符号作分界线，并在图的下方分别标注相应的图名。但底层平面图需完整画出。

建筑平面图中还包括有屋顶平面图，也称屋顶排水示意图。它是房屋顶面的水平投影，用来表示屋顶的排水方向、分水线坡度、雨水管位置等。图中还应画出凸出屋顶面以上的水箱、烟道、通风道、天窗、女儿墙以及俯视方向可见的房屋构造物，如阳台、雨篷、消防梯等。如果屋顶平面图中的内容很简单，也可省略不画，但排水方向、坡度需在剖面图中表示清楚。

## 一、建筑平面图的表达内容

建筑平面图中所要表达的内容很多，我们列出下列这些项目，作为了解和掌握。

（1）图名、比例、朝向。图名是"某某平面图"，比例通常采用1：100，这是根据大小和复杂程度而定的。在室内设计中，平面设计图通常用1：50的比例，这样反映细节比较清晰。朝向在一般图中用指北针示意（上北下南）。

（2）定位轴线及编号。标注墙、柱、墩等承重结构轴线编号（在本章第一节已作介绍），标出房间的名称或编号。

（3）标注出室内外的有关尺寸及室内楼、地面的标高（底层地面为±0.000）。

在平面图中基本尺寸线有三道标注：

①第一层即在外部尺寸线，表示建筑总的长度或宽度。

②第二层尺寸线，表示每轴线尺寸距离，即开间和进深的尺寸。

③第三层尺寸线即最里一道，表示门窗洞口、墙垛、墙厚等详细尺寸。

④表示电梯、楼梯位置及楼梯上下方向及主要尺寸。

⑤表示阳台、雨篷、踏步、斜坡、通气竖道、

管线竖井、烟囱、消防梯、雨水管、排水沟、花池等位置及尺寸。

⑥标出卫生器具、水池、工作台、厨、柜、隔断及重要设备的位置。室内设计图还要标明家具的摆放以及一些装饰物品，如植物、地毯等。

⑦表示地下室、地坑、地沟、各种平台、阁楼（板）、检查孔、墙上留洞、高窗等施工尺寸与标高。如果是隐蔽的或在剖切面以上部位的内容，应用虚线表示。

⑧画出剖面图的剖切符号及编号（一般只标注在底层平面）。

⑨标注有关部位上节点详图的索引符号。

⑩在底层平面图附近画出指北针（一般取上北下南）。

屋顶平面图一般内容有：女儿墙、檐沟、屋顶坡度、分水线与落水口、变形缝、楼梯间、水箱间、天窗、上人孔、消防梯及其他构筑物和索引符号等。

以上所列内容，可根据具体项目的实际情况进行取舍。

## 二、建筑平面图的绘制要求

### 1.图线要求

(1)建筑平面图中剖切面的主要建筑构造的轮廓线(即墙线和结构柱)，用线宽为b的粗实线。

(2)被剖切到的次要建筑构件的轮廓线，用线宽为0.5b的实线，如门、窗、楼梯、踏步、地面高低变化的分界线、台阶、花坛、明沟、散水等。

(3)图例线和线宽小于0.5b的图形线，如在固定设施与卫生器具轮廓线内的图线、家具图等，可用线宽为0.35b的细实线。

(4)建筑结构的不可见轮廓线，可用线宽为0.5b的中虚线，也可用线宽为0.35b的细虚线。

### 2.图例

由于平面、立面、剖面图常用1：100、1：200或1：50等小比例，图样中有一些构造和配件，不可能也不必要按实际投影画出，只需要用规定的图例

表示即可，图3-3-1为平面常用设备图例。

| 图例 | 图例 | 图例 | 图例 | 图例 |
|---|---|---|---|---|
| 飞机场 | 雨水排放口 | 油制气厂 | 垃圾堆埋场 | 地埋蒸汽管道 | 铁路 |
| 水上客运站 | 雨水检查井 | 液化气气化站 | 垃圾焚烧场 | 地埋热力管道 | 地下铁路 |
| 港口码头 | 雨水收集井 | 液化气混气站 | 垃圾转运站 | 架空蒸汽管道 | 有轨电车 |
| 轮渡导航指挥中心 | 污水处理厂 | 燃气储备站 | 垃圾收集点 | 架空热力管道 | 轻轨路线 |
| 船舶维修基地 | 氧化塘 | 石油液化气储备站 | 废物箱 | 电信光纤光缆 | 公路 |
| 铁路客运站 | 污水泵站 | 液化气供应站 | 垃圾、粪便码头 | 架空电信光缆 | 高速公路 |
| 铁路货运站 | 污水排放口 | 高中压燃气调压站 | 公共厕所 | 地埋电信光缆 | 公共厕所 |
| 地铁站 | 化粪池 | 低压燃气调压站 | 环卫所 | 架空有线广播线 | 隧道 |
| 轻轨车站 | 溢流井 | 专用燃气调压站 | 车辆清洗站 | 地埋有线广播线 | 涵洞 |
| 轨道交通控制中心 | 污水检查井 | 箱式燃气调压站 | 环卫车辆停车站 | 架空有线电视电缆 | 给水管道 |
| 换乘枢纽 | 火力发电厂 | 区域锅炉房 | 殡仪馆 | 微波通道 | 消防管道 |
| 铁路尽头车站 | 火力发电厂（站） | 热力站 | 公墓 | 垃圾管道 | 给水明渠 |
| 轨道交通车辆段 | 核电厂（站） | 邮政局 | 消防队 | 泄洪沟 | 给水暗渠 |
| 长途汽车站 | 风力发电厂 | 邮政所 | 消防站 | 截洪沟 | 倒洪管 |
| 汽车货运站 | 地热发电厂 | 邮件处理中心 | 消火栓 | 防洪沟 | 跌水 |
| 公路客运枢纽 | 330~500KV变电所 | 长途电信局 | 防灾指挥部 | 防洪堤 | 雨水管道 |
| 公路枢纽管理中心 | 220KV变电所 | 电信局（电话局） | 防灾通讯中心 | 坝堤 | 雨水明渠 |
| 公共汽车保养场 | 110KV变电所 | 邮电支局 | 急救中心 | 排水方向，坡度 | 雨水暗渠 |
| 出租车停车场 | 35KV变电所 | 邮电所 | 医院 | 水源地 | 污水管道 |
| 汽车停车场 | 10KV变电所 | 电话模块局 | 防灾疏散场地 | 河湖水面 | 污水暗渠 |
| 城市道路立交 | 10KV杆上变电站 | 电信电缆交接箱 | 地下电厂 | 水井 | 330KV—500KV架空电力线 |
| 道路广场 | 配电站 | 电话井 | 地下仓库 | 泉眼 | 220KV架空电力线 |
| 自来水厂 | 开关站 | 广播电视制作中心 | 地下油库 | 温泉 | 110KV架空电力线 |
| 取水口 | 独立式配电室 | 无线广播电台 | 地下停车场 | 地下水等深线 | 330KV—500KV架空电力线 |
| 高地水池 | 附点式配电室 | 有线广播电台 | 人防坑道口 | 洪水淹没线 | 35KV—66KV架空电力线 |
| 水塔 | 高压走廊 | 无线电视台 | 疏散通道 | 断裂带 | 10KV架空电力线 |
| 给水泵站 | 电力井 | 有线电视台 | 路堤 | 中压燃气管道 | 低压空电力线 |
| 给水阀门 | 路灯及投射方向 | 电视差转台 | 路堑 | 低压燃气管道 | 管道电力缆 |
| 喷泉 | 天然气气源地 | 微波收发站 | 挡土墙 | 天然气输气管 | 直埋电力缆 |
| 水闸 | 沼气气源地 | 无线电收发讯区 | 护坡 | 高压燃气管道 | 水下电力缆 |
| 雨水泵站 | 天然气门站 | 粪便处理场 | 台阶 | 防护绿地 | 垃圾处理场 |

图3-3-1 平面常用设备图例

## 三、图示实例

建筑平面图：以一套小型住宅别墅建筑为例。（图3-3-2）

## 四、建筑平面图的绘制步骤

以底层平面图为例，说明平面图的绘制步骤。

### 1.选定比例和图幅

首先根据所要表现的平面的复杂程度和大小选定比例，然后根据建筑的大小及选定的比例估算注写尺寸、符号和有关说明所需的位置，最后确定所用的标准图幅。

### 2.画图稿

如图3-3-3所示，平面图绘制步骤如下：

（1）定轴线。

（2）画墙身和柱，定门窗位置，画细部，如门窗洞、楼梯、台阶等。

（3）画尺寸线、起止符号、填写数字等其他说明。

### 3.上墨（针管笔）

平面图经过检查无误后，按图线要求用针管笔描图。

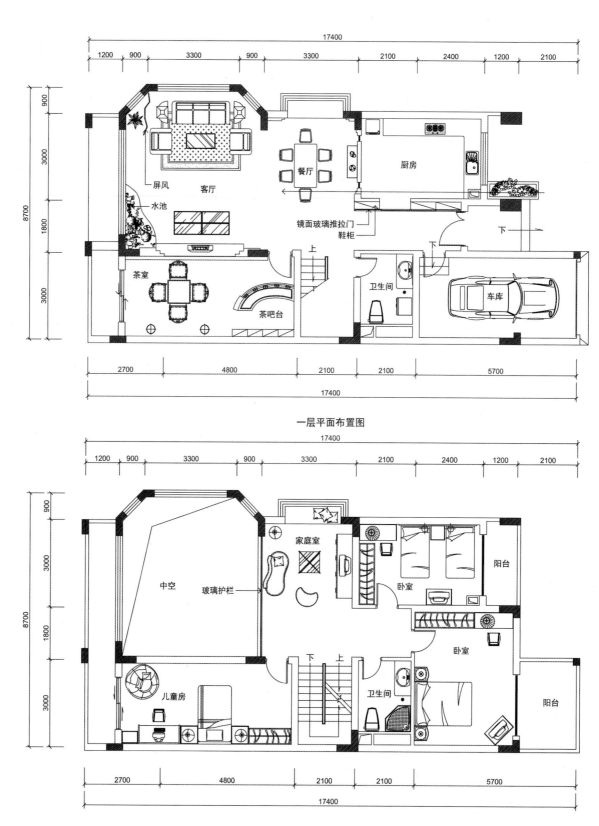

17400

1200 900 3300 900 3300 2100 2400 1200 2100

900

3000

8700

1800

3000

屏风

客厅

水池

茶室

餐厅

厨房

镜面玻璃推拉门
鞋柜

下

上

卫生间

下

车库

茶吧台

2700 4800 2100 2100 5700

17400

一层平面布置图

17400

1200 900 3300 900 3300 2100 2400 1200 2100

900

3000

8700

1800

3000

中空

玻璃护栏

家庭室

卧室

阳台

卧室

阳台

下 上

卫生间

儿童房

2700 4800 2100 2100 5700

17400

二层平面布置图

图3-3-2 建筑平面图

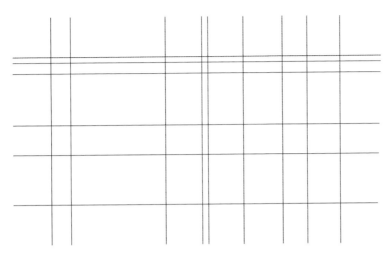

图3-3-3 绘图步骤 (a)

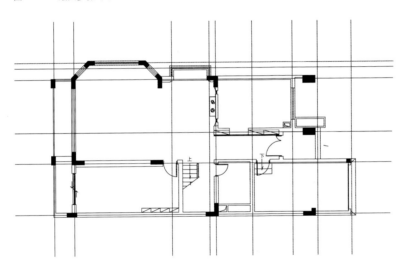

图3-3-3 绘图步骤 (b)

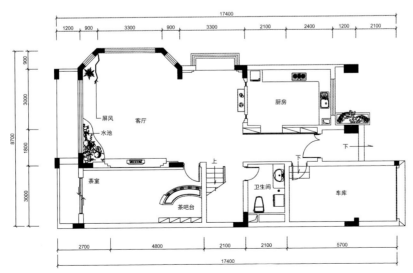

图3-3-3 绘图步骤 (c)

## 第四节 //// 建筑立面图

建筑立面图是在与建筑立面图平行的投影面上所作的正投影图，简称立面图。它主要用来表示建筑的形体和外貌、外墙装修、门窗的位置与形式，以及遮阳板、窗台、檐口、雨水管、平台、台阶、花坛等构造和配件各部位的标高和必要的尺寸。

立面图在室内设计施工图中，是用来表达室内各立面方向造型、装修材料及构造的尺寸形式与效果的直接正投影图。

### 一、建筑立面图的表达内容

1.画出室外地面线及房屋的勒脚、台阶、花台、门、窗、雨篷、阳台，室外楼梯、墙、柱，外墙的预留孔洞、檐口、屋顶(女儿墙或隔热层)、雨水管、墙面分隔线或其他装饰构件等。

2.标注出外墙各主要部位的标高。如室外地面、台阶、窗台、门窗顶、阳台、雨篷、檐口、屋顶等处完成面的标高。一般立面图上可不注高度、方向和尺寸。但对于外墙留洞除标注标高外，还应标注其大小尺寸及定位尺寸。

3.标注建筑物两端或分段的轴线及编号。

4.标出各部门构造、装饰节点详图的索引符号。用图例、文字或列表说明墙面的装修材料及做法。

### 二、绘制要求

#### 1.建筑立面图图线要求

为了使立面图中的主次轮廓线层次分明，增强图面效果，应采用不同的线型。

(1)外地面线用特粗实线表示，立面外轮廓线用粗实线绘制。

(2)门窗洞口、台阶、花坛、阳台、檐口等均用中实线画出。

(3)某些细部轮廓线，如门窗分隔、阳台栏杆、装饰线脚、墙面装饰分隔线、雨水管，以及文字说明的引出线、标高符号等均用细实线画出。

#### 2.室内立面图绘制要求

(1)室内各个方向界面的立面应绘全。内部院落及通道的局部立面，可在相关的剖面图上表示，如果剖面不能表达全面，则需单独绘出。

(2)在平面图中表示不出的编号，应在立面图中标注。

(3)各部分节点、构造应以详图索引在立面图上注明，并注明材料名称或符号。

(4)立面图的名称可按平面图各面编号确定(如某某A立面，某某B立面)，也可根据立面两端的建筑定位轴线编号来确定(如①～⑧轴立面图，A～B轴立面图等)。

(5)前后立面重叠时，前者的外轮廓线宜向外侧加粗，以方便看图。

(6)立面图的比例根据其复杂程度设定，不必与平面图相同。

(7)完全对称的立面图，可只画一半，在对称轴处加绘对称符号即可。

### 三、图示实例

建筑立面图如图3-4-1、图3-4-2所示。

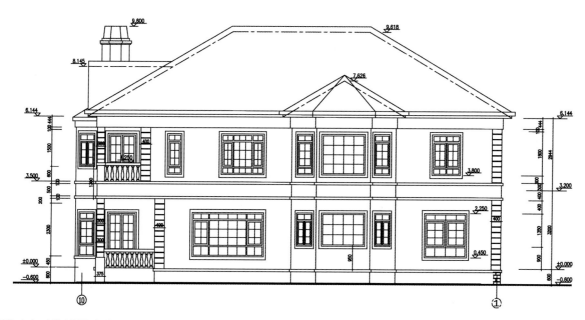

图3-4-1 建筑立面图 (一)

图3-4-2 建筑立面图 (二)

## 第五节 建筑剖面图

将一层建筑从垂直于平面方向剖切开，所得到的垂直剖面图称为剖面图。

建筑剖面图主要表现建筑的内部结构、分层情况、各层高度、楼面和地面的构造，以及各部分在垂直方向上的相互关系等内容。

剖面图的剖切位置应选在房屋的主要部位或建筑构造较为典型的部位，如楼梯间等。剖面图的数量应根据建筑的复杂程度而定。

### 一、建筑剖面图的种类

由于空间物体的形状不同，其剖切的方法、部位也不尽一致。一般剖面图有以下几种。

（1）全剖面图。剖切面将整体物体切开后，移去被切部分，并能反映出全部被切开后情形的剖面图。如建筑物的平面图、剖面图等。全剖面图通常用于表达外部形体不对称的空间物体。

（2）半剖面图。用于表达对称而复杂的空间物体。其剖切面位于中心线或轴线上，移去被切部分，把物体的外形及内部情况同时反映在同一视图中，一半为剖面，另一半为视图。

（3）断裂剖面图（或称局部剖面图）。在有些空间物体的视图中需同时反映物体的局部细节，即切开需反映的部分，并在图中用波浪线作为其视图与局部剖面的分界线。家具设计的视图、室内天花板的立面图中的视图都会运用这种断裂剖面。

### 二、建筑立面图的表达内容

（1）表示墙、柱及其定位轴线。

（2）表示室内底层地面、地坑、地沟、各层楼面、顶棚、屋顶(包括搪口、女儿墙、隔热层或保温层、天窗、烟囱、水池等)、门、窗、楼梯、阳台、雨篷、留洞、墙裙、踢脚板、防潮层、室外地面、散水、排水沟及其他装修等剖切到或能见到的内容。

（3）标出各部位完成面的标高和高度方向尺寸。

①标高内容。室内外地面、各层楼面与楼梯平台、檐口或女儿墙顶面、高出屋面的水池顶面、烟囱顶面、楼梯间顶面、电梯间顶面等处的标高。

②高度尺寸内容。a.外部尺寸：门、窗洞口(包括洞口上部和窗台)高度，层间高E及总高度(室外地面至檐口或女儿墙顶)，有时，后两部分尺寸可不标注；b.内部尺寸：圪坑深度和隔断、搁板、平台、墙裙及室内门窗等的高度。注写标高及尺寸时，注意与立面和平面图一致。

（4）表示楼、地面各层构造。一般可用引出线说明。引出线指向要说明的部位，并按其构造的层次顺序，逐层加以文字说明。若另画有详图，或已有"构造说明一览表"时，在剖面图中可用索引符号引出说明(如果是后者，习惯上可不作任何标注)。

（5）表示需画详图之处的索引符号。

### 三、绘制要求

#### 1.图线要求

（1）特粗实线：建筑剖面图中，被剖到的室外地面线；在室内剖立面图中，剖到的柱子、墙、楼板的边缘线。在小于1∶50的剖面图中剖到的钢筋混凝土的构件要涂黑，如梁、楼板、柱子等；在大于1∶50的剖面图中剖到的钢筋混凝土的构件要表示其图样。

（2）粗实线：包括除特粗实线外其他被剖到的建筑构件，如阳台、非承重墙身、楼梯等。

（3）中粗实线：没有剖到的，但看得到的建筑构件，则按正投影关系用中粗实线画出，如看到的门窗洞等。

（4）细实线：文字引出线、索引符号、标高符号、尺寸，以及其他细部装饰线等。

#### 2.室内装饰剖视图绘制要求

（1）剖视图位置应选择在层高不同、空间比较复杂、具有代表性的部位。

（2）剖视图中要注明材料名称、节点构造及详图索引符号。

（3）在室内装饰剖视图中，标高指装修完成面及吊顶下净空尺寸。

（4）鉴于剖视位置多选择在室内空间比较复杂、

最具代表性的部位，因此墙身大样或局部应从剖立面图中引出，对应放大绘制，以表达清楚。

## 四、图示实例

别墅建筑剖面图如图3-5-1所示。

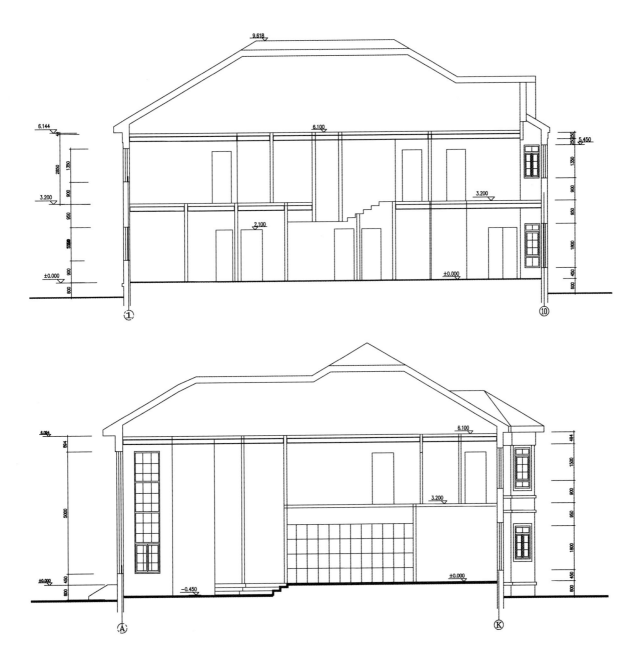

图3-5-1 别墅建筑剖面图

## 第六节///// 建筑详图 (墙身大样、楼梯大样)

对建筑的细部或构造、装饰构造、配件用较大的比例(1：20、1：10、1：5、1：2、1：1等)将其形状、大小、材料和做法，按正投影图的画法，详细地表示出来的图样，称为建筑详图，简称详图。

详图的图示方法视细部的构造复杂程度而定。有时只需一个剖面详图就能表达清楚，有时还需另加平面详图或立面详图。有时还要另加轴测图作为补充说明。

详图的特点，一是比例较大，二是图示详尽清楚(表示构造合理，用料及做法适宜)，三是尺寸标注齐全。

详图数量的选择与建筑的复杂程度及平、立、剖面图的内容及比例有关，在室内设计中与装饰复杂程度有关。

### 一、建筑详图的表达内容及注意事项

(1) 在平、立、剖面图中尚未能表示清楚的一些局部构造、装饰材料、做法及主要的造型处理应专门绘制详图。

(2) 利用标准图、通用图可以大量节省时间，提高工作效率，但要避免索引不当和盲目"参照"。

(3) 标准图、通用图只能解决一般性量大面广的功能问题，对于设计中特殊做法和非标准构件的处理，仍需自己设计非标准构件、配件详图。

### 二、绘制要求

对剖到的结构用粗实线绘制。剖切线是图中最粗的线，其他图线与平面图或立面图表示方法一致。

下面我们以建筑外墙身通常的详图为例，来了解基本详图画法。

外墙身详图实际上是建筑剖面图的局部放大图，它表达房屋的屋面、楼层、地面构造、楼板与墙的连接、门窗顶、窗台和勒脚、散水等处构造的情况，是施工的重要依据。

详图用较大比例(如1：20)画出，多层房屋中，若各层的情况一样时，可只用底层、顶层或加一个中间层来表示。画图时，往往在窗洞中间处断开，成为几个节点详图的组合。有时，也可不画整个墙身的详图，而是把各个节点的详图分制。详图的线型要求与剖面图一样。

外墙身详图的内容与阅读方法如下：

(1)图中注上轴线的两个编号，表示这个详图适用于A、E两个轴线的墙身。也就是说A、E两轴线的任何地方，墙身各相应部分的构造情况都相同。(图3-6-1)

(2)在详图中，对屋面、楼层和地面的构造，采用多层构造说明方法来表示。

(3)从檐口部分，可了解屋面的承重层、女儿墙、防水及排水的构造。在本详图中，第三部分屋面的承重层是预制钢筋混凝土空心板，按3%来砌坡，上面有油毡防水层和架空层，以加强屋面的防漏和隔热。檐口外侧做一天沟，并通过女儿墙所留孔洞(雨水口兼通风口)，使雨水沿雨水管集中排流到地面。雨水管的位置和数量可从立面图或平面图中查阅。

(4)从楼板与墙身连接部分，可了解各层楼板(或梁)的搁置方向及与墙身的关系。如本详图，预制钢筋混凝土空心板是平行纵向外墙布置的，因而它们是搁置在两端的横墙上的。在每层的室内墙脚处需做一踢脚板，以保护墙壁，从图中的说明可看到其构造做法。踢脚板的厚度可等于或大于内墙面的粉刷层。如厚度一样时，在其立面投影中可不画出其分界线。

(5)从剖面图中还可看到窗台、窗过梁(或圈梁)的构造情况。

(6)从勒脚部分，可知房屋外墙的防潮、防水和排水的做法。外(内)墙身的防潮层，一般是在底层室内地面下60mm左右(指一般刚性地面)处，以防地下水对墙身的侵蚀。在外墙面，离室外地面300~500mm高度范围内(或窗台以下)，用坚硬防水的材料做成勒脚。在勒脚的外地面，用1：2的水泥砂浆抹

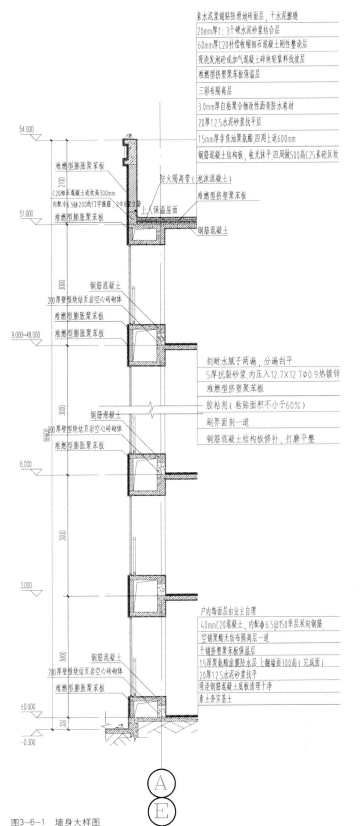

素水泥浆铺贴防滑地砖面层，干水泥擦缝

20mm厚1：3干硬水泥砂浆结合层

60mm厚C20补偿收缩细石混凝土刚性整浇层

现浇发泡砼或加气混凝土碎块轻集料找坡层

难燃型挤塑聚苯板保温层

三彩布隔离层

3.0mm厚自粘聚合物改性沥青防水卷材

20厚1：2.5水泥砂浆找平层

1.5mm厚非焦油聚氨酯，四周上返600mm

钢筋混凝土结构板，收光抹平四周做500高(25素砼反坎

防火隔离带(泡沫混凝土)

难燃型挤塑聚苯板

钢筋混凝土

54.000

难燃型膨胀聚苯板

(20细石混凝土返灰高300mm

内配Φ6.5@200的门字箍筋，Φ2.8墙筋

难燃型膨胀聚苯板

上人保温屋面

51.000

钢筋混凝土

3.000

钢筋混凝土

200厚型壁烧结页岩空心砖砌体

难燃型膨胀聚苯板

9.000~48.000

难燃型膨胀聚苯板

刮耐水腻子两遍，分遍刮平

5厚抗裂砂浆，内压入12.7X12.7Φ0.9热镀锌

难燃型挤塑聚苯板

胶粘剂（粘贴面积不小于60%）

刷界面剂一道

钢筋混凝土结构板修补，打磨平整

3.000

钢筋混凝土

200厚型壁烧结页岩空心砖砌体

难燃型膨胀聚苯板

6.000

3.000

3.000

户内墙面层由业主自理

40mmC20混凝土，内配Φ6.5@150单层双向钢筋

空铺搭粘聚乙烯无纺布隔离层一道

干铺挤塑聚苯板保温层

1.5厚聚氨酯涂膜防水层，上翻墙面300高（完成面）

20厚1：2.5水泥砂浆找平

现浇钢混凝土底板清理干净

素土夯实基土

钢筋混凝土

200厚型壁烧结页岩空心砖砌体

难燃型膨胀聚苯板

±0.000

-0.300

Ⓐ
Ⓔ

图3-6-1 墙身大样图

面，做出2%坡度的散水，以防雨水或地面水对墙基础的侵蚀。

(7)在详图中，一般应标出各部位的标高、高度方向和墙身细部的大小尺寸。图中标高写有两个数字时，有括号的数字表示在高一层的标高。

(8)从图中的有关图例或文字说明，可知墙身内外表面装修的断面形式、厚度及所用的材料等。

## 三、楼梯画法

楼梯是多层房屋上下交通的主要设施，它也是制图知识中非常重要的一部分，它除了要满足行走方便和人流疏散畅通外，还应有足够的坚固耐久性。目前多采用预制或现浇钢筋混凝土的楼梯。楼梯是由楼梯段(简称梯段，包括踏步或斜梁)、休息平台(包括平台板和梁)和栏板(或栏杆)等组成，如图3-6-2所示。

楼梯的构造一般较复杂，需要另画详图表示。楼梯详图主要表示楼梯的类型、结构形式、各部位的尺寸及装修做法，是楼梯施工放样的主要依据。

楼梯详图一般包括平面图、剖面图及踏步、栏板详图等，并尽可能画在同一张图纸内。在这里我们主要介绍平面图和剖面图，以便了解楼梯结构和图示方法。平、剖面图比例要一致，以便对照阅读。

### 1.楼梯样式

楼梯有室外楼梯和室内楼梯。室内有主要楼梯和辅助楼梯；室外有安全楼梯、防火楼梯。按材料分有木质、钢筋混凝土、钢质、混合式及金属楼梯。按形式分有直上、双折～四折、曲尺形、平行形、圆形、弧形及螺旋形等。（图3-6-3）

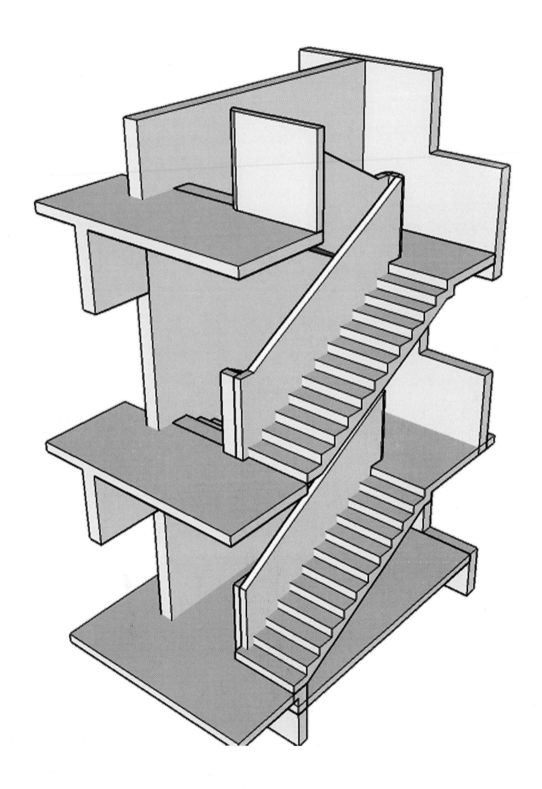

图3-6-2 楼梯画法

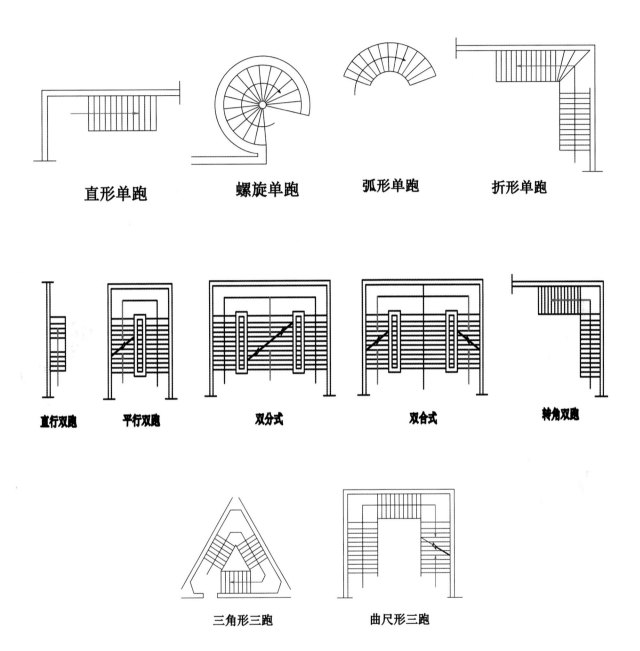

直形单跑　　螺旋单跑　　弧形单跑　　折形单跑

直行双跑　平行双跑　双分式　双合式　转角双跑

三角形三跑　曲尺形三跑

图3-6-3　楼梯样式

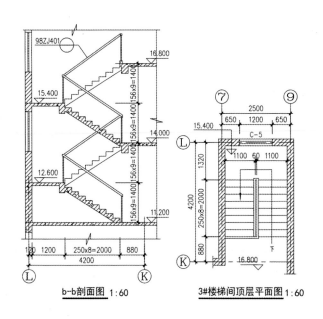

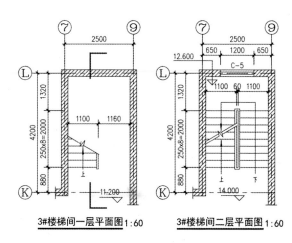

b-b剖面图 1:60

3#楼梯间顶层平面图 1:60

3#楼梯间一层平面图 1:60

3#楼梯间二层平面图 1:60

图3-6-4　楼梯剖视图

## 2.表达内容

以双跑楼梯的"平面"和"剖面"为例予以介绍。

（1）楼梯平面图的绘制及标注要求

一般每一层楼都要画楼梯平面图。三层以上的房屋，若中间各层的楼梯位置及其梯段数、踏面数和大小都相同，通常只画出底层、中间层和顶层三个平面图就可以了。(图3-6-4)

楼梯平面图的剖切位置，是在该层往上走的第一梯段(休息平台下)的位置处。各层被剖切到的梯段，按"国标"规定，均在平面图中以一根45°折断线表示。在每一梯段处画有一长箭头，并注写"上""下"字和步级数，表明从该层楼(地)面往上或往下走多少步级可到达楼(地)面。例如，二层楼梯平面图中，被剖切梯段的箭头表示往下走可以到达第一层楼面。各层平面图中还应标出轴线。而且，

在底层平面图上还应注明楼梯剖面图的剖切符号。

楼梯平面图中，除标出楼梯间的开间和进深尺寸、楼（地）面和平台面的标高尺寸外，还需标出各细部的详细尺寸。通常把梯段长度尺寸与踏面数、踏面宽、高的尺寸合并写在一起。通常，三个平面图画在同一张图纸内，并互相对齐，这样既便于阅读，又可标注一些重复的尺寸。

（2）读图要求

读图时，要掌握各层平面图的特点。底层平面图只有一个被剖切的梯段及栏板，并标有"上"字的长箭头。顶层平面图由于剖切平面在安全栏板之上，在图中画有两段完整的梯段和楼梯休息平台，在梯口处只有一个标有"下"字的长箭头。中间层平面图既画出被剖切的梯段(画有"上"字的长箭头)，还画出该层往下走的完整的段(画有"下"字的长箭头)、楼梯平台以及平台往下的梯段。这部分梯

段与被剖切的梯段的投影重合，以45°折断线为分界。各层平面图上所画的每一分格，表示梯段的一级面。但因梯段最高一级的踏面与休息平台面或楼面重合，因此，平面图中每一梯段画出的面(格)数，总比步级数少一格。如顶层平面图中往下走的第一梯段共有9级，但在平面图中只画有8格，梯段长度为250×8＝2000(mm)。

（3）楼梯剖面图

如果用一铅垂面，通过各层的一个梯段和门窗洞，将楼梯剖开并向另一未剖到的方向投影，所作的剖面图，即为楼梯剖面图(图3-6-4)。剖面图应能完整、清晰地表示出各梯段、平台、栏板等的构造及它们的相互关系。本例楼梯，每层只有两个梯段，称为双跑式楼梯。在多层房屋中，若中间各层的楼梯构造相同时，则剖面图可只画出底层、中间层和顶层剖面，中间用折断线分开（与外墙身详图处理方法相同）。

楼梯剖面图能表达出房屋的层数、楼梯梯段数、步级数以及楼梯的类型及其结构形式。如本例的三层楼房，每层有两梯段，被剖梯段的步级数可直接看出，未剖梯段的步数，因被栏板遮挡而看不见，有时可画上虚线表示，但亦可在其高度尺寸上标出该段步级的数目。

剖面图中应注明地面、平台面、楼面等的标高和梯段，标注法与楼梯平面图中梯段长度标注法相同。栏杆的高度尺寸是从踏面中间算至扶手顶面，一般为900mm，扶手坡度应与梯段坡度一致。

[思考与练习题]

◎ 房屋的主要组成部分有哪些，各部分的主要作用是什么？

◎ 什么是绝对标高？什么是相对标高？

◎ 自选校园内任一教学建筑，用A3图纸绘制该建筑平面图和立面图。

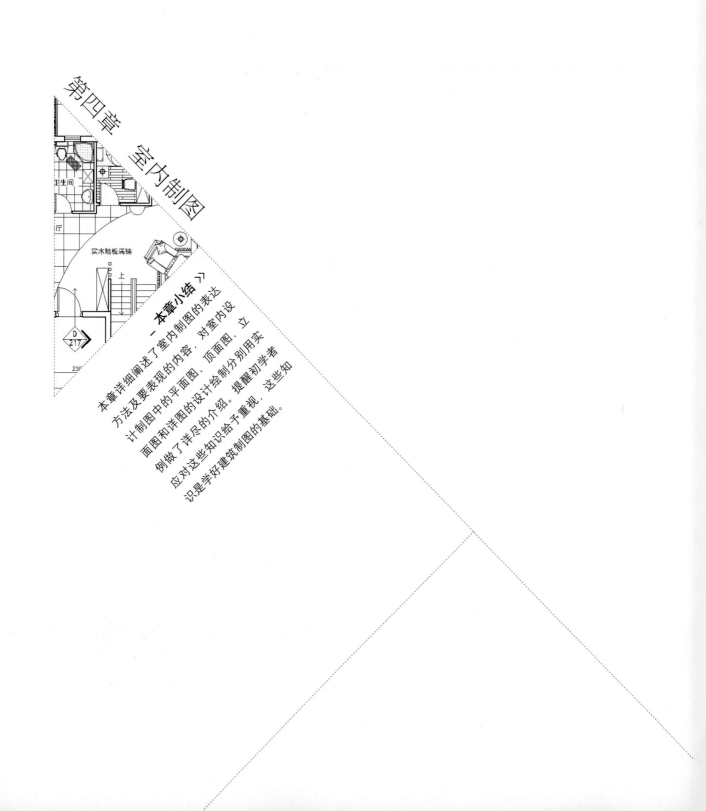

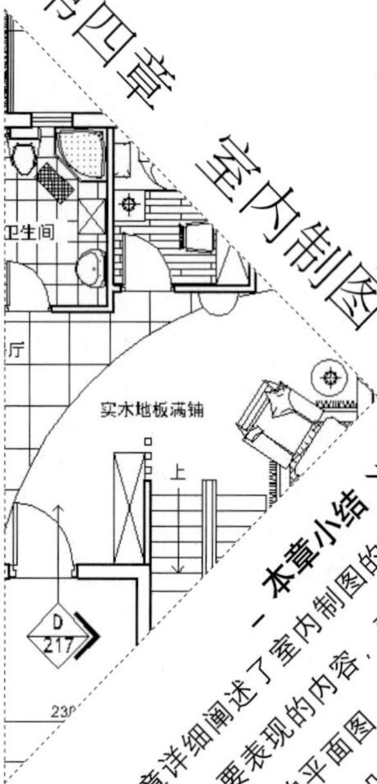
卫生间
厅
实木地板满铺
上
D
217

# 第四章 室内制图

## 本章小结

本章详细阐述了室内制图的表达方法及要表现的内容，对室内设计制图中的平面图、顶面图、立面图和详图的设计绘制分别用实例做了详尽的介绍。提醒初学者应对这些知识给予重视，这些知识是学好建筑制图的基础。

# 第四章　室内制图

## 第一节 //// 概述

室内设计图纸是表达设计构思，指导生产的重要文件。根据室内设计的特点，室内设计图纸一般包括平面配置图、天花平面图、装修平面图、单元大样图、立面展开图、剖面图、节点详图、产品配套图表、设计表现图等内容。

室内设计表现内容中的平面图、顶面图、立面图和详图，即室内装饰施工图，是设计者进行室内设计表达的深化阶段及最终阶段，更是指导室内装饰施工的重要依据。

室内装饰施工图属于建筑装饰设计范畴，在图样标题栏的图别中简称"装施"或"饰施"。

装饰平面图包括平面布置图和天花平面图。

## 第二节 //// 室内平面图

平面布置图实际上是房屋的水平剖面图(除屋顶平面图外)。平面布置是装饰工程的重要工作，它集中体现了建筑平面空间的使用。平面布置图(简称平面图)是在建筑平面图的基础上，侧重于表达各平面空间的布置，对于室内设计来说一般包括家具、陈设物的平面形状、大小、位置，也包括室内地面装饰材料与做法的表示等。对于室外环境装饰工程来说，主要包括建筑布局、园艺规划、植物的配置、道路的走向、停车场、公共活动空间等。

平面布置图又包括总平面图和局部平面图。如一幢宾馆大楼，它有表示其所建的位置、方向、环境、占地形状及辅助建筑等内容的图纸，这就是其总平面图。其局部平面图则是表示每一层中不同房间、不同功能的图纸。平面布置合理与否，关系到装饰工程的平面空间布置是否得当，能否发挥建筑的功能，有时甚至能适当完善建筑本身的不足。完整、严谨地绘制平面图，也是设计预想的可行性试验。因为，有时一幅设计预想图（效果图）中表现的各部分感觉很好，但当用严格的尺寸对它们进行计算，逐件"就位"时，就可能存在不合理的地方。所以在绘制平面图时，就能够对预想图所表现的内容，各部分的尺度、方位、空间等，依照人的活动和人机工程学的原理进行可行性的验证。

### 一、图示内容

底层平面图应标明房屋的平面形状、底层的平面布置情况，即各房间的分隔、组合和房间名称，出入口、门厅、走廊、楼梯灯的布置和相互关系，各种门窗的布置，室外台阶、花台、室内外装饰以及明沟和雨水管的布置等。此外，还应标明厕所和洗浴室内固定设施的布置，并标注尺寸及标高等。（图4-2-1）

底层的砖墙厚度均为240mm，相当于一块标准砖（240mm×115mm×53mm）的长度。

### 二、有关规定和要求

1.图线：墙体线要求用粗实线绘制，门窗洞口及建筑构件用中粗实线绘制，家具、地面铺装、尺寸标注、说明等用细实线绘制。

2.尺寸标注方法：在建筑平面图中，所有外墙一般应标注三道尺寸。最内侧的第一道尺寸是外墙的门洞、窗洞的宽度和洞间墙的尺寸；中间第二道尺寸是轴线间距的尺寸；最外侧的第三道尺寸是房屋两端外墙面之间的总尺寸。室内设计工程图中，尺寸标注不多时，可以标为两道。

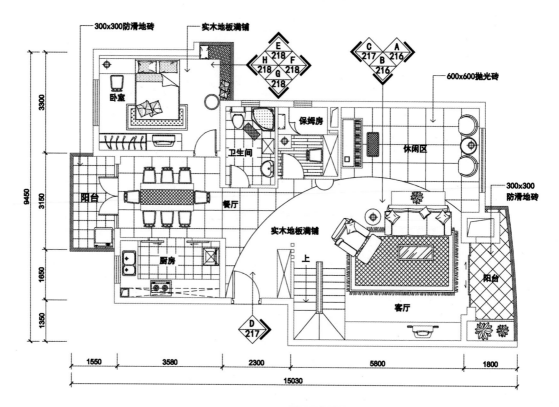

300x300防滑地砖　　　实木地板满铺

E 218　F 218　H 218　G 218　218

C 217　B 216　A 216

600x600抛光砖

卧室

保姆房

休闲区

卫生间

阳台

餐厅

300x300防滑地砖

实木地板满铺

厨房

上

阳台

客厅

D 217

3300　3150　1650　1350

9450

1550　3580　2300　5800　1800

15030

**一层平面布置图1:100**

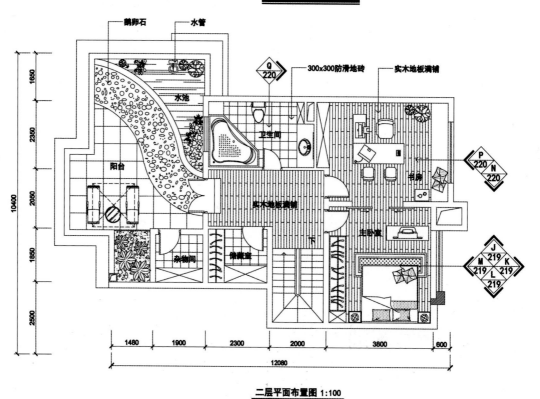

鹅卵石　　水管

Q 220　　300x300防滑地砖　　实木地板满铺

水池

卫生间

阳台

书房

P 220　N 220

实木地板满铺

杂物间　储藏室

主卧室

实木地板满铺

J 219　K 219　M 219　L 219

1650　2350　2050　1850　2500

10400

1480　1900　2300　2000　3800　600

12080

**二层平面布置图1:100**

图4-2-1　平面布置图

## 三、其他平面图

### 1.地面铺装平面图

如图4-2-2所示，地面铺装平面图要求如下：

（1）表达出该部分地坪界面的空间内容及关系。

（2）表达出地坪材料的规格、材料编号及施工图。

（3）如果地面有其他埋地式的设备，则需要表达出来，如埋地灯、暗藏光源、地插座等。

（4）根据需要，表达出地坪材料拼花或大样索引。

（5）根据需要，表达出地坪装修所需的构造节点索引。

（6）注明地坪相对标高。

（7）注明轴号及轴线尺寸。

（8）地坪如有标高上的落差，需要节点剖切，则表达出剖切的节点索引。

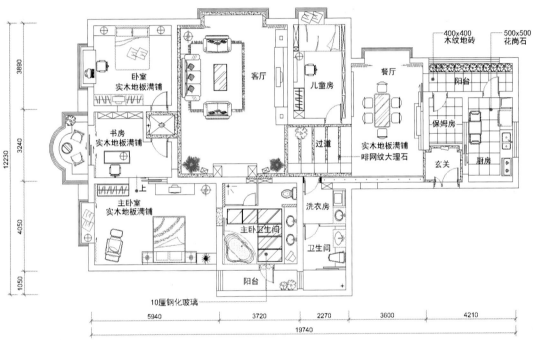

图4-2-2 地角铺装平面布置图

### 2.局部平面图（如图4-2-3所示）

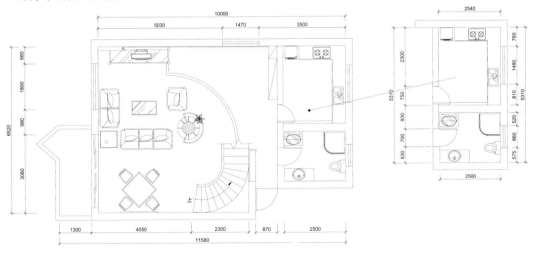

图4-2-3 局部平面图

## 四、平面图的主要内容

1.要求轴号、图名、比例、标高、图例说明、索引说明和完成日期。

2.至少标有总尺寸、轴距尺寸、门窗洞尺寸。

3.字体、字高统一，字高要求详见HM-图层线型标准的规定。

4.不同的墙体填充，用不同的图案并配有图例。

5.不属于设计范围的图纸界面应有明显区别的填充图案，并配图例说明。

6.图签填写正确完整。

7.图内任何一根线和模块之间的相对尺寸都应用个位数为"0"的尺寸来标注。

8.门的开启方向正确。

9.墙面上有特殊用途功能的位置应用指引线标注说明。

10.表达出完成面的轮廓线。

11.文字图例摆放整齐、图面干净、构图美观大方。

12.平面图在立面图中出现大样表示时均应遵守以上要求。

13.可根据设计要求在平面图中绘制一些地面拼花。

14.如果有壁灯应在平面图中画出来。

## 五、天花平面图

天花平面图主要用来表达室内顶部造型的尺寸、材料、灯具、通风、消防、音响等系统的规格与位置。（图4-2-4）

天花平面图包括综合天花布置图和天花放线图。要注意，在一幢大楼中由于各房间的功能不同，其造型、灯饰、消防、通风的方式及风格也会不同。因为天花是装饰工程竣工后唯一没有任何遮挡的空间位置，它占有的面积又大，所以其设计、

施工的效果对装饰工程有着非常大的影响。再有就是吊顶工程往往与供电、供风、供排水等有着必然的联系，所以要特别引起重视。

1.天花平面图的绘制方法。一般有以下两种绘制方法。

（1）用一剖切平面通过门洞、窗洞的上方将房屋剖开，而后对剖切平面上方的部分作仰视投影。

（2）用上述方法剖切，将上述的剖切面视为一镜面，镜面向上，画出镜面以上的部分映在镜子中的图像。

以往必须将上述两种方法所绘不同的图纸注明"仰视"或"镜像"。但是为了使天花平面图与平面布置图在方向上相协调、相对应，更便于识读图纸，现在人们已普遍使用镜像投影画天花平面图了，也不再注明"镜像"。

2.天花平面图绘制的详细内容

（1）表达出天花的造型与室内空间的关系。

（2）表达出灯具灯位并配图例。（图4-2-5）

（3）表达出窗帘、窗帘盒及窗帘轨道。

（4）表达出门洞、窗洞的位置。

（5）表达出风口、烟感、温感、喷淋、广播、检修口等设备位置，保持图纸美观、整齐，并配图例。

（6）表达出每个空间的中心线（用"CL"Certer Line的简称）。

（7）表达出完成面的标高（并用索引指出）。

（8）表达出材料、颜色、填充图案（并用索引指出），并配图例。

绘制天花大样图时，均应遵守天花平面图的各项要求。表达出天花隐蔽工程的层高与空间的关系（如梁、空调/通风管道、排烟管道、消防管道等）。此外，还应作出灯位布置图等。

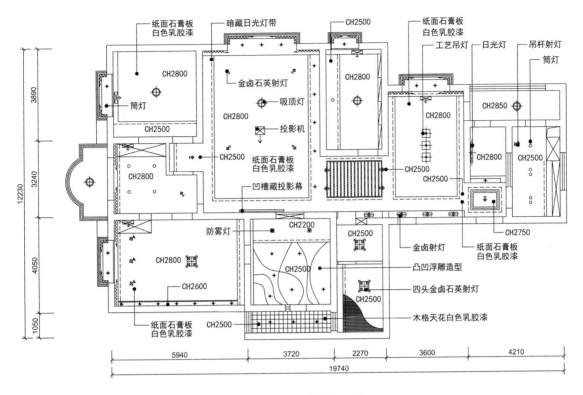

纸面石膏板白色乳胶漆　暗藏日光灯带　　CH2500　　纸面石膏板白色乳胶漆

CH2800
简灯
CH2500
CH2800
金卤石英射灯
吸顶灯
CH2800
投影机
CH2500
纸面石膏板白色乳胶漆
凹槽藏投影幕

工艺吊灯　日光灯　吊杆射灯
简灯
CH2850
CH2800
CH2500
CH2500
CH2800
CH2500
CH2750

防雾灯
CH2200
CH2500
CH2800
CH2500
CH2600
CH2500
纸面石膏板白色乳胶漆

金卤射灯
纸面石膏板白色乳胶漆
凸凹浮雕造型
四头金卤石英射灯
CH2500
木格天花白色乳胶漆

3890
3240
4050
1050
12230

5940　　3720　　2270　　3600　　4210
19740

图4-2-4　顶棚布置图

**顶棚布置图** 1：50

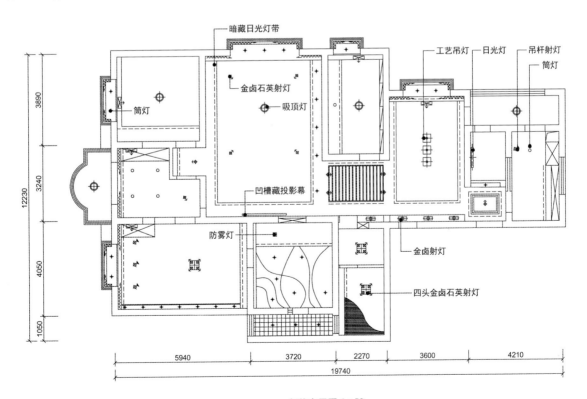

暗藏日光灯带

简灯
金卤石英射灯
吸顶灯
凹槽藏投影幕
防雾灯

工艺吊灯　日光灯　吊杆射灯
简灯

金卤射灯
四头金卤石英射灯

3890
3240
4050
1050
12230

5940　　3720　　2270　　3600　　4210
19740

**灯位布置图** 1：50

图4-2-5　灯位布置图

## 第三节 ///// 室内立面图

### 一、概念及命名

#### 1.立面图的概念

装饰立面图一般是指室内内墙的装饰立面图。它主要用以表示内墙立面的造型、色彩、规格，以及用材、施工工艺、装饰构件等。

室内立面图也称为剖立面图，它的准确定义是在室内设计中，平行于某空间立面方向上，假设有一个竖直平面从顶至地将该空间剖切后所得到的正投影图。

位于剖切线上的物体均表达出被切的断面图形式（一般为墙体及顶棚、楼板），位于剖切线后的物体以界立面形式表示。

立面图是表现室内墙面装饰及墙面布置的图样，除了画出固定在墙面上的装修外，还可以画出墙面上可灵活移动的装饰品，以及地面上陈设的家具等设施。它实质是某一方向墙面的正视图。一般立面图应在平面图中利用视向图标指明装修立面方向。

#### 2.立面图的命名

对于立面图的命名，平面图中无轴线标注时，可按视向命名，在平面图中标注所视方向，如A立面图。另外也可按平面图中轴线编号命名，如B或D立面图等。

### 二、立面图的内容

#### 1.常用表达方法

（1）依照建筑剖面图的画法，将房屋竖向剖切后所作的正投影图，这种图中有些带有天花的剖面，有些还带有部分家具和陈设等，所以也有人称其为剖立面图。这种图纸的优点是图面比较丰富，有时甚至可以代替陈设的立面图，从而简化了许多图纸，还能让人看出房间内部的全部内容及风格气氛等。它的缺点是，由于表现的东西太多，往往可能会出现主次不清、喧宾夺主的结果，如家具把墙裙挡住等。对于室内墙壁设计比较简洁，或大家能以公认的形式设计的墙面，可以采用这种形式表现立面。

（2）按人们立于室内向各内墙面观看而做出的正投影图，一般不考虑陈设与天花，只是单纯地表现内墙面上所能看到的内容，室内陈设物与墙面没有结构上的必然联系。这种画法的优点是集中表现内墙面，不受陈设等物件的干扰，让人感到洁净、明了。这种方法用于表现较为复杂的内墙装饰更为适合。但是，对于较为简单的内墙装饰，往往感到图面空洞、单调，尤其是在较为简单的内墙设计中，虽然还有一定的陈设、家具要表现，但这种方法只能表现空洞的墙壁，这样，往往让人有浪费图纸、小题大做之感。

装饰立面图，由于有隔墙的关系，各独立空间的立面图必须单独绘制。当然有些图纸也可以相互连续绘制，但必须是在同一个平面上的立面。一般情况下，同一个空间中各个方向的立面图应尽量画在同一张图纸内。有时可以连续地接在一起，像是一条横幅的画面，如同一个人站在房间中央环顾四周一样，是一个连续不断的过程，这样便于墙面风格的比较与对照，可以全面观察室内各墙立面间相互衔接的关系以及相关的装修工艺等。

#### 2.立面图的绘制

一般情况下，立面图有以下两种绘制方法。

（1）按照建筑剖面图的画法，分别画出房屋内各墙立面以及相关物件的正投影图。

①所用线条粗细必须与平面布置图相对应。例如，绘制墙线的轮廓线与平面图墙体的轮廓线同粗，室内各物件的线条与平面图同粗等。

②标注尺寸要与平面布置图相对应，特别是有些序号标示一定要准确无误，要标出比例尺。对于需用详图或说明的部位要标出。

③文字说明要选用与平面布置图相同的字体，

并集中注写在图外。

④保持图面整洁。

⑤如果墙面没有复杂的造型和墙裙时，可以省略该墙立面图，但需说明该墙面的处理工艺要求。

(2)按站在室内环顾四壁的视域视线画立面图。

①按照建筑施工图找出需要画出的室内各墙立面，并按照装饰平面布置图的位置坐标顺序依次连接室内各墙面。

②再按照建筑施工图所提供的高度及对高度变化有影响的结构，找出其高度的变化。

③根据预想图和天花平面图所表现的天花形状，找出天花的结构、位置及天花的不同方向所表现的不同断面造型，从而定出房屋室内总立面图的形状，找出在室内能够看到的墙壁立面的形状。

④按照准备—草图—绘图的顺序完成立面图的设计。

### 3．立面图的识读要点

（1）根据图名和比例，在平面图中找到相应的墙面。明确图名和方向，分别找出其墙面明确它们的对应关系。

（2）根据立面图上的造型，分析这些装饰面所选的造型风格、材料特征和施工工艺。

（3）依照其尺寸，分析各部位的总面积和物件的大小、位置等。一般先看该立面的总面积，即总长度、总宽度，后看各细部的尺寸，明确细部的大小。

（4）了解所用材料和工艺要求，如画镜线总共需要多长，而每条标准型材的长度如何，在墙面上每条画镜线接口如何处理，踢脚线的宽度是多少，完成后总长度是多少，而每张标准的板材又如何使用等。通过对材料的考虑，也可以分析出选用什么样的工艺手法去实现怎样的效果，如接口、接缝、收口方式等。（图4-3-1）

（5）检查电源开关、中央空调风口等安装设施的位置，以便在施工中留出空间，避免改造形成浪费。

（6）可能有些部分需要有详图表现，这就要注意索引符号，找准详图所在的位置。

注意：平面形状曲折的建筑物可绘制展开室内立面图。多边形平面的建筑物，可分段展开绘制室内立面图，但均应在图名后加注"展开"二字。

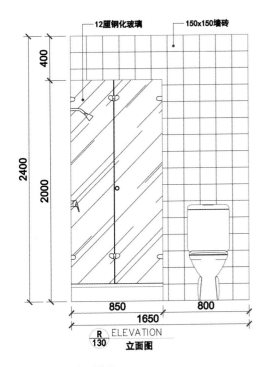

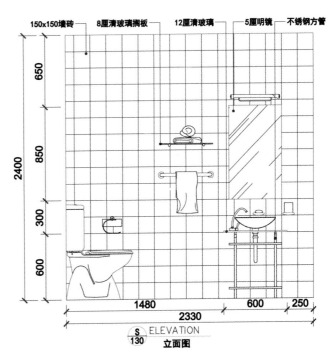

图4-3-1 卫生间立面图

## 第四节 //// 室内剖面图

剖面图主要用来表示在平面图和立面图中无法表现的各种造型的凹凸关系及尺度、各装饰构件与建筑的连接方式、各不同层面的收口工艺等。一般剖面图有墙身装饰剖面图、天花剖面图及局部剖面图。由于装饰层的厚度较小，因此，常常应用较大的比例绘制，类似于详图，有些就是详图。

墙体装饰剖面图主要表现墙体上装饰部位的剖面图，即横截面图。如房顶墙角阴角装饰线的剖面造型、踢脚线的剖面造型、隔音墙面的剖面造型、门窗边套的剖面造型等。

天花剖面图主要表现天花的凹凸、天花的龙骨与楼板、墙面的连接方式、固定方式等。一般情况下，天花的总剖面图应与天花平面图比例相同，只表现出其总体的凹凸尺度即可。而对于角线、灯槽、窗帘盒等细部，为表达清楚，往往采取局部放大比例的办法，并在被放大的部位用索引符号连贯对应。

为了施工方便，应当尽量用制图语言表达清楚设计造型及细节处理，同时要尽量简化，叙述准确。能压缩的一定要压缩，要注意条理层次清楚即可。

一般情况下，同一项内容的不同位置或不同角度的剖面图要放在同一张图纸上，能让读图者一览无余，尽量方便图与图的对应、比较。避免因为图与图之间的距离太远而不宜对应、比较，造成对应错位的局面，而影响读图效果。

### 一、一般画法

（1）选定一个比例，根据剖切位置和剖切角度画出墙面或顶面的建筑基础剖面，并以剖面的图例标出。

（2）在墙面或顶面剖面上需要装饰的一面，根据施工工艺和材料的特点，依照由内向外的层次顺序，画出所用材料的剖面，并按照由内向外的顺序依次标注清楚。

（3）根据施工构造要求，把所用材料之间构造起来，有些地方是胶粘连接，有些地方是结构构造。要注意装饰面与墙体之间的连接构造方式，如天花的构造，门、窗口的构造，各种地板的内部构造，隔音墙面的构造，踢脚线的构造，暖气罩的构造等。

（4）根据比例尺标出尺寸。

（5）绘制室内局部剖面图。（图4-4-1）

（6）在绘图时，应注意以下事项。

①所用线条的粗细要规范、清晰，因为剖面图线条较为集中，经常会出现并置现象，所以更要注意线条的使用。

②标注要准确、清晰，比例尺要特别注意，因为它有可能与其他施工图不同。

③所用材料可以随绘图过程同时标出。

④文字说明与其他图纸相同时可以集中书写。

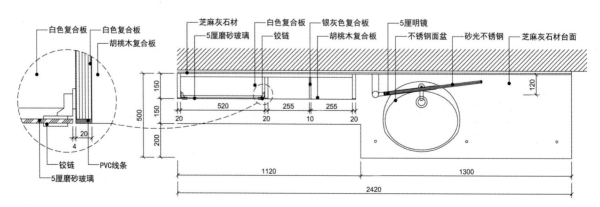

图4-4-1 洗漱间的剖面图

⑤要有准确的图名，并与其他图纸相对应，同时还要标明其索引代号。

## 二、剖面图的识读要点

（1）依照图形特点，分清该图形是墙面图还是天花图等，根据索引和图名，找出它的具体位置和相应的投影方向。有了明确的剖切位置和剖切投影方向，对于理解剖面图有着重要的作用。

（2）对于天花剖面图，可以从吊点、吊筋开始，按照主龙骨、次龙骨、基层板与饰面的顺序识读，分析它们各层次的材料与规格及其连接方式，特别要注意凹凸造型的边缘、灯槽、天花与墙体的连接工艺，各种结构的转角、收口工艺和细部造型及所用材料的尺寸型号。

（3）对于墙身剖面图，可以从墙顶角开始，自上而下地对各装饰结构由里到外地识读，分析各层次的材料、规格和构造形式，分析面层的收口工艺与要求，分析各装饰结构之间的连接和固定方式。

（4）根据比例尺，进一步确定各部位形状的大小，以便于施工和下料。

（5）对于某些没表达清楚的部位，可以根据索引，找到其对应的局部放大详图。

（6）对于识读方法及顺序，每个人有不同的需要和识图习惯，要依需要和识图习惯而定。

## 第五节//// 室内详图

### 一、室内详图的特点及绘制

详图指局部详细图样，由剖面详图、大样图、节点图和断面图四部分组成。它是在平、立、剖面图都无法表示时所采用的一种比例更为放大的图形。

有时详图也可以用局部剖面图代替，但有时为表示清楚，可以从几个不同的方向对所要表现的物件进行投影绘制。

#### 1.详图的特点

（1）大于一般图册中其他图纸的比例。

（2）有一个甚至几个以表示明确为目的、从不同角度绘制的投影图。

（3）有详尽的尺寸标注和明确的文字说明。

（4）有准确、严谨的索引符号。

#### 2.详图的绘制与识读

与其他图纸的绘制与识读方法相同，此处不再赘述。

#### 3.详图绘制注意的问题

详图是着重说明某一部分的施工内容及做法的，需要引起特别注意。它表示出与普通造型及常规的做法所不同的部分，如工艺技术、造型特点等。所以，详图为的是引起施工的注意，在绘制详图时应当特别注意以下几点：

（1）详图的索引符号应当与详图符号相对应，否则就会造成图纸混乱，分不清图纸间的关系，导致误工。

（2）注意比例尺，它往往要把图形放大处理，所以比例尺也要随之改变。同一套图纸不同部位的详图，往往比例尺不同。

（3）为了表示清楚，详图自身有一套完整的规范用线，即其自身要保持图面的完整。当在详图中所用线条粗细用于常规图时，往往不太合适。所以在绘制和识读详图时要特别注意其自身的用线规范，以体现出详图的完整性。

### 二、剖面详图

#### 1.剖面详图的主要表现内容

剖面详图的设计，主要反映出装修细部的材料使用、安装结构、施工工艺和尺寸。

#### 2.剖面详图要达到的目的

通过对剖面详图的设计和对装修细部的材料使

用、安装结构和施工工艺进行分析，做出满足设计要求、符合施工工艺、达到最佳施工经济成本的做法。图纸应能作为控制施工质量、指导施工作业的依据。

### 3.剖面详图的绘制依据

绘制剖面详图的依据是建筑装修工程的相关标准、规范、做法和室内设计中要求详尽反映的部位。

### 4.剖面详图的绘制

一般来说，分别在装修平面图、天花平面图、立面展开图设计时，就对需要进一步详细说明的部位标注索引，详图可以在本图绘制，也可以另图绘制或在标准图表中绘制。

剖面详图有反映安装结构的，它表达的是安装基础—装修结构—装修基层—装修饰面的结构关系，如墙裙板、门套、干挂石墙等；有反映构件之间关系的，它表达的是构件与构件的关系，如石材的对拼、角线的安装等；有反映细部做法的，它表达的是细部的加工做法，如木线的线型、楼梯级嘴的做法等。

为了使剖面详图表达清晰，一般采用1∶1～1∶10的比例绘制。

在室内设计工程制图中，为了更直观地反映物体的造型、结构、安装等关系，经常会用到轴测图。因为它除了能直观地反映物体的形状外，还能反映物体的真实尺寸，符合工程施工和工程交流的需要。

绘制剖面详图必须要熟悉相关的工法、材料、工艺等，掌握施工和生产的过程，培养综合的设计能力。运用标准的、专业的图形符号把图样详尽地、清晰地表达出来。

在绘制剖面详图时，通过深化设计会发现某些做法存在安装技术上的困难或某些尺寸必须加以调整。这时，应追溯到前期的设计图并加以调整。

### 5.剖面详图的标注

剖面详图的标注，更注重安装尺寸和细部尺寸

的标注，是生产和施工的重要依据。它主要是反映大样的构造、工艺尺寸、细部尺寸等，对大样要求的材料、工艺要加以详尽的说明。标注必须清晰、准确，符合读图和施工的顺序。尺寸的标注应充分考虑到现场施工及有关工艺要求。

标注的内容包括：尺寸标注、符号标注、文字标注。

● 尺寸标注：构造尺寸、定位尺寸、结构尺寸、细部尺寸、工艺尺寸等。

● 符号标注：剖面符号、索引符号等。

● 文字标注：标注所有安装材料的名称及规格、施工工艺要求、关键尺寸的控制、安装尺寸的调整等。

## 三、大样图

大样图是指局部放大比例的图样，其绘制要求如下。

(1) 局部详细的大比例样图。

(2) 注明详细尺寸。

(3) 注明所需的节点剖切索引号。

(4) 注明具体的材料编号及说明。

(5) 注明详图号及比例。比例一般有1∶1、1∶2、1∶5、1∶10四种。

## 四、节点图

节点图是指反映某一局部的施工构造切面图，其绘制要求如下。

(1) 详细表达出被切截面从结构体至面饰层的施工构造连接方法及相互关系。

(2) 表达出紧固件、连接件的具体图形与实际比例尺寸。

(3) 表达出详细的面饰层造型、材料编号及说明。

(4) 表示出各断面构造内的材料图例、编号、说明及工艺要求。

(5) 表达出详细的施工尺寸。

(6) 注明有关施工所需的要求。

(7) 表达出墙体粉刷线及墙体材质图例。

(8) 注明节点详图号及比例。

## 五、断面图

断面图是指由剖立面、立面图中引出的自上而下贯穿整个剖切线与被剖物体相交得到的图形。室内详图应画出构件间的连接方式，并注全相应的尺寸。断面图的绘制要求如下。

（1）表达出由顶至地连贯的整个被剖截面造型。

（2）表达出由结构至表饰层的施工构造方法及连接关系。

（3）从断面图中引出需要进一步放大表达的节点详图，并标有索引编号。

（4）表达出结构体、断面构造层及饰面层的材料图例、编号及说明。

（5）表达出断面图所需的尺寸深度。

（6）注明有关施工所需的要求。

（7）注明断面图号及比例。

## 第六节 室内常用图例

室内施工图往往需要用到多种材料，在图纸上，除了以文字表示各种材料外，有时还需要通过填充图案和材料的剖面符号来达到使图纸更加清晰明了的目的。

装饰材料表是反映全套施工图设计用材的详细表格，表中需包含以下内容。(图表4–6–1~4–6–3)

（1）注明材料类别。

（2）注明每款材料详细的中文名称，并以恰当的文字描述其视觉和物理特征。

（3）有些产品需特注厂家型号、货号及品牌。

| 名称 | 剖面符号 | 名称 | 剖面符号 |
|---|---|---|---|
| 木材 横剖(断面) 方材 | 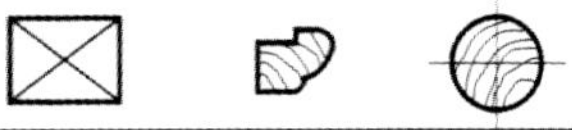 | 纤维板 | 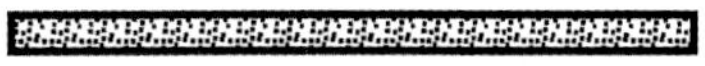 |
| 木材 横剖(断面) 板材 | 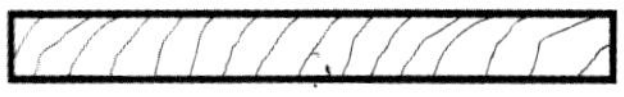 | 薄木(薄皮) | 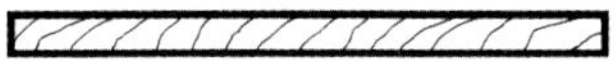 |
| 木材 纵剖 | 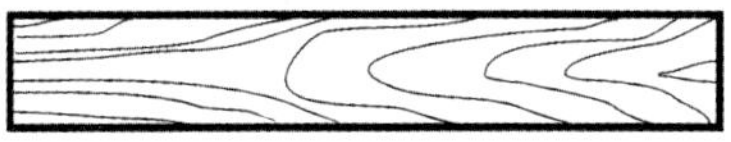 | 金属 | 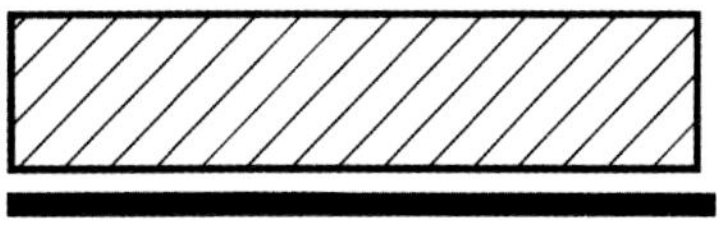 |
| 胶合板(不分层数) | 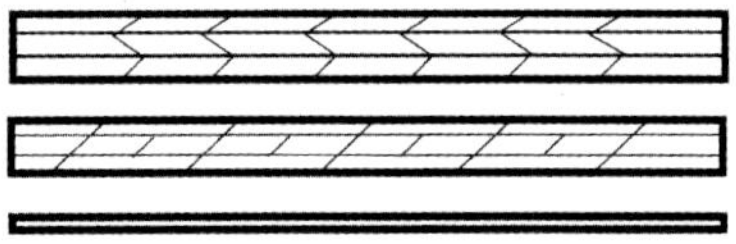 | 塑料有机玻璃橡胶 | 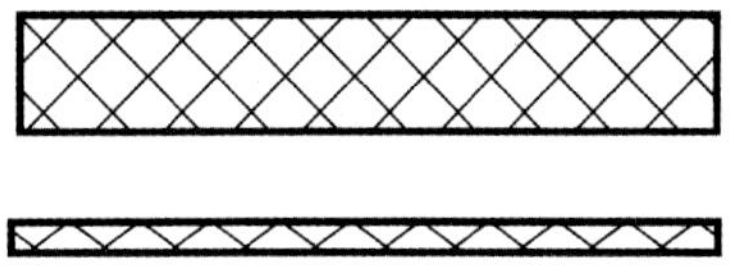 |
| 覆面刨花板 | 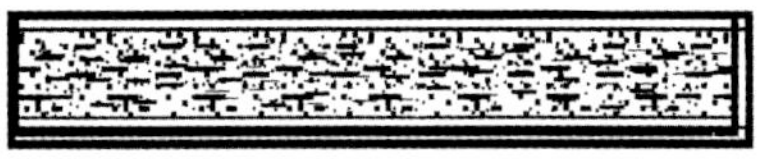 | 软质填充料 | 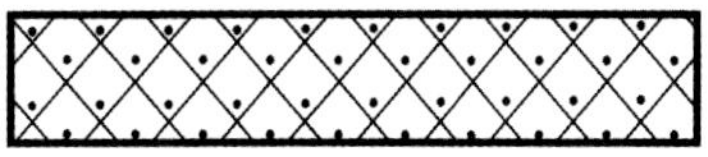 |
| 细木工板 横剖 | 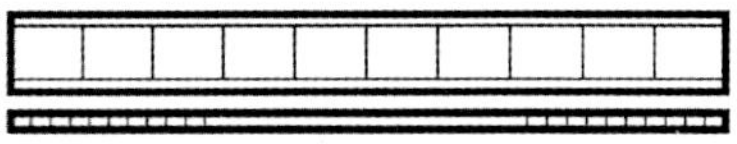 | 砖石料 | 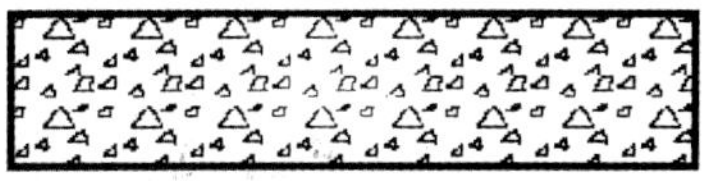 |
| 细木工板 纵剖 | 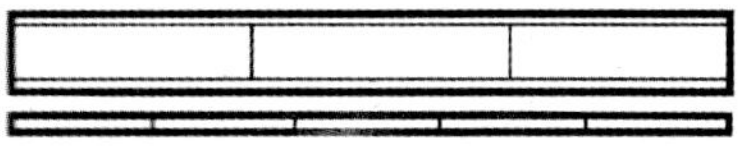 | | |

表4–6–1

| 名 称 | 图 例 | 剖面符号 |
|---|---|---|
| 玻璃 | | |
| 编竹 | | |
| 网纱 | | |
| 镜子 | | |
| 藤织 | | |
| 弹簧 | | |
| 空心板 | | |

表4-6-2

| 序 号 | 名 称 | 图 例 | 备 注 |
|---|---|---|---|
| 1 | 自然土壤 | | 包括各种自然土壤 |
| 2 | 夯实土壤 | | |
| 3 | 砂、灰土 | | 靠近轮廓线绘较密的点 |
| 4 | 沙砾石、碎砖、三合土 | | |
| 5 | 石材 | | |
| 6 | 毛石 | | |
| 7 | 普通砖 | | 包括实心砖、多孔砖、砌块等砌体。断面较窄不易绘出图例线时，可涂红色 |
| 8 | 耐火砖 | | 包括耐酸砖等砌体 |
| 9 | 空心砖 | | 指非承重砖砌体 |
| 10 | 饰面砖 | | 包括铺地砖、马赛克、陶瓷锦砖、人造大理石等 |
| 11 | 焦渣、矿渣 | | 包括与水泥、石灰等混合而成的材料 |
| 12 | 混凝土 | | 1.本图例指能承重的混凝土及钢筋混凝土；2.包括各种强度等级、骨料、添加剂的混凝土；3.在剖面图上画出钢筋时，不画图例线；4.断面图形小，不易画出图例时，可涂黑色 |
| 13 | 钢筋混凝土 | | |

表4-6-3

| 14 | 多孔材料 |  | 包括水泥珍珠岩、沥青珍珠岩、泡沫混凝土、软木、蛭石制品等 |
|---|---|---|---|
| 15 | 纤维材料 | 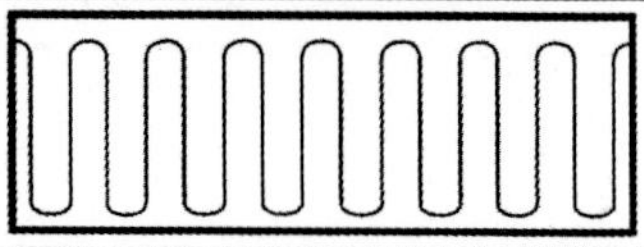 | 包括矿棉、岩棉、玻璃棉、麻丝、木丝板、纤维板等 |
| 16 | 泡沫塑料材料 | 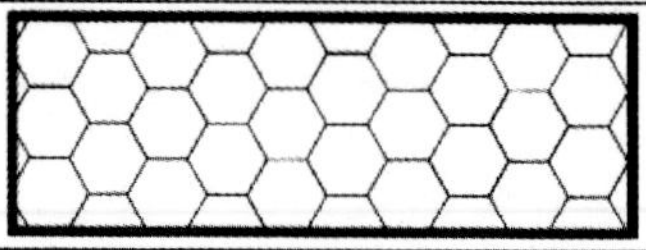 | 包括聚苯乙烯、聚乙烯、聚氨酯等多孔聚合物类材料 |
| 17 | 木材 | 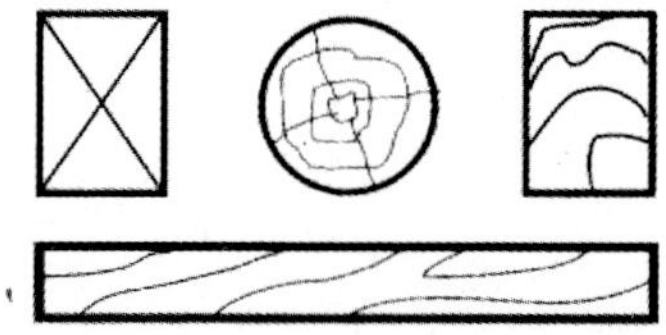 | 1.上图为横断面，上左图为垫木、木砖或木龙骨<br>2.下图为纵断面 |
| 18 | 胶合板 | 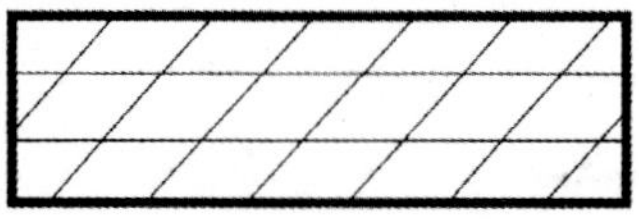 | 应注明为×层胶合板 |
| 19 | 石膏板 | 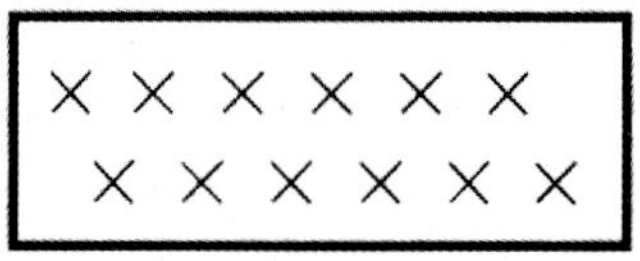 | 包括圆孔、方孔石膏板、防水石膏板等 |
| 20 | 金属 | 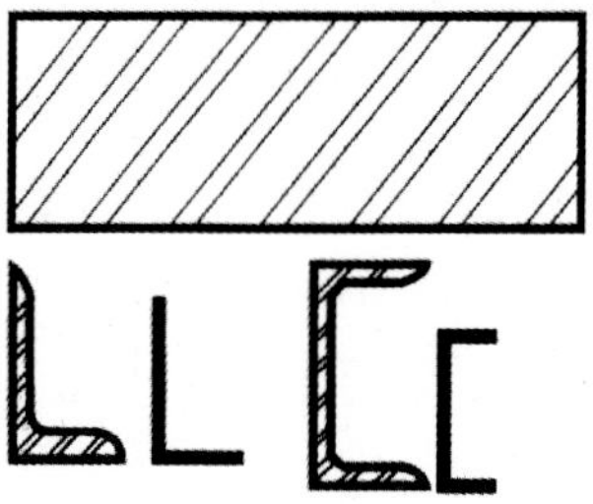 | 1.包括各种金属<br>2.图形小时可涂黑 |
| 21 | 网状材料 |  | 1.包括金属、塑料网状材料<br>2.应注明具体材料名称 |
| 22 | 液体 | 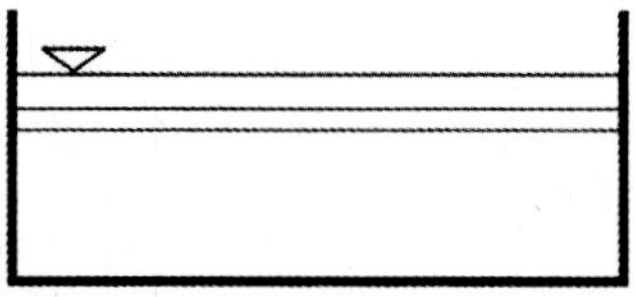 | 应注明具体液体名称 |
| 23 | 玻璃 | 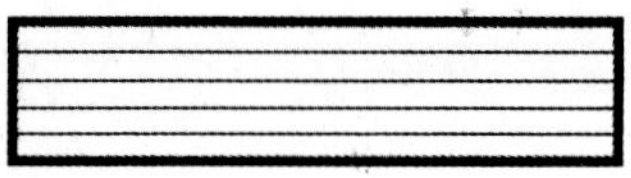 | 包括平板玻璃、磨砂玻璃、夹丝玻璃、钢化玻璃、中空玻璃、加层玻璃、镀膜玻璃等 |

| 24 | 橡胶 | | |
|---|---|---|---|
| 25 | 塑料 | | 包括各种软、硬塑料及有机玻璃等 |
| 26 | 防水材料 | | 构造层次多或比例大时，采用上面图例 |
| 27 | 粉刷 | | 本图例采用较稀的点 |

## 第七节 室内施工图综合分析

在前面几章中，我们讲述了建筑装饰工程的全套图纸从绘制到识读的过程。但是，要绘制一套完整的建筑装饰施工图或正确识读一套建筑装饰施工图，要求设计者必须了解预想设计的意图；了解建筑所提供的空间形式；必须熟悉各种标示和图例；必须有逻辑性很强的空间想象能力和具有对于建筑空间、建筑功能的理解能力。

绘制一套完整的施工图不只是单纯地绘图、被动地描画，更重要的是要实现、完善设计预想。通过规范的设计语言，传达出完整规范的设计信息，从而实现装饰工程。所以，设计绘制装饰施工图，要做到以下几方面。

### 一、准确把握建筑空间

（1）准确把握建筑所提供的需要装饰的空间，特别是建筑内部、外部的净空间，找准建筑的表面形象及其确切尺寸。

（2）认真把握细部的空间、位置及造型。如在老房子装修中，往往在室内墙面与房顶结合部位突出房顶阴角处有烟道，在设计时就要对这种细部准确地把握。

（3）对于室外装饰要特别注意，建筑外观的细微造型变化，如窗口的外形是否有凸出的收口，外墙的陶瓷砖是横用还是竖用等。它们虽然很小但能直接表现出建筑的风格与特征，影响到室外装饰的造型风格与效果。

### 二、把握建筑功能特征

（1）了解建筑的性质，分清是民用建筑还是公共建筑、是普通民宅还是高级别墅、是医院还是会堂等。它们的功能决定了空间形式，也决定了装饰风格的施工工艺和所用材料。

（2）弄清建筑的功能，把握每个空间的不同功能，不同的功能会决定它的用途，不同的用途也对不同空间提出了具体要求。

（3）掌握空间的合理利用和人在空间中活动的主要线路。如过道、门以及活动空间、私密空间等，它们有着不同的功能要求，因而也涉及不同的设计思路。

### 三、通过绘制施工图完善设计

（1）能根据设计预想图的空间感觉和各装饰物的空间位置感觉及其造型特征，绘制出它们确切的位置和造型，用以指导施工。

（2）根据预想图的设计效果、设计说明和空间气氛，确定所用主要材料、色彩、质地等。如地面的材料、色彩、施工工艺；墙面的材料、色彩和施工工艺等；踢脚线的材料、色彩、表面效果处理等。

（3）充分理解预想图，纠正预想图中表现的不足。预想图往往是注重效果，让人感觉表现很好，有时一旦经过严格度量、布置、计算之后，发现存在不合理的地方。这就需要在施工图的设计绘制中尽量予以纠正和完善，使其能够实现合理的设计空间，成为完善的建筑装饰设计。

（4）能够完善预想图无法表现的部位。因为预想图不可能对室内全部空间进行表现，所以预想图表现的空间位置往往存在很大的"盲区"。对于这些"盲区"，只有通过施工图才能表现，所以，施工图是全方位、完整表现设计预想并把预想付诸实施的基本方式。

## 四、了解工程造价

（1）了解资方的经济实力，根据投入情况决定施工材料和工艺，使之切实可行、实事求是。

（2）了解投资方式，确定施工工艺和工期进程。目前的装饰市场拖欠工程款项的现象或承接施工方投入人力、材料不足的现象时有发生。为了保证客观的工程进度，不造成资方或承接方任何一方的损失，对于大型的装饰工程可以实行分期限施工的方式，逐期施工。这样就对设计提出了新的课题，即工程告一段落后又继续施工，这样既要使其中间不造成浪费，又不留不同工期间的痕迹，这就需要在设计中能分清工期进程，指导全程施工。

## 五、了解承建方的情况

由于装饰行业在逐步实行设计、施工、工程监理之间分离，目前一般情况下是谁设计谁施工，或者是设计方承担一部分施工，另一部分工程交由没有参与设计的单位施工，针对这种现状要注意以下几方面。

（1）了解施工单位的技术擅长，相同的装饰效果，可以采用施工单位最擅长的技术工艺，以扬长避短，达到最佳施工效果。

（2）如果有几家单位同时施工，工程交叉进行，就必须在对几家施工单位技术专长基本了解的

基础上，明确他们施工的工区界线。还要在施工图纸上对不同的作业面作出标示，对于交叉作业的工艺、连接等部位也要作出明确标示，以备日后质量检验时明确责任。

## 六、掌握新材料和新工艺

新材料和新工艺的出现和发展，给装饰行业带来了革命性的变化，而随着各项基础科学的发展，装饰装修的新材料、新工艺将会更快地、不断地出现。如射钉枪、马钉枪的出现，给钉工艺带来了质的飞跃，效率提高了许多倍，又保证了施工质量；综合木工设备的问世，对于铆榫作业较过去用凿的工艺水平也同样带来了质的飞跃；密度板的问世，给需要大面积木质平板的施工要求带来了极大的方便；各种木质贴面层的出现，也对木质工艺的最终外观效果产生了非常大的影响等。这些新材料、新工艺的出现为装饰工程提高了工程质量，同时又提高了工作效率，也为工程的甲乙双方提高了经济效益。所以，装饰设计师要有科学的头脑和市场意识，为了提高施工质量、减小劳动强度、提高工作效率，要积极研究、不断发现并运用新材料和新工艺。

## 七、其他方面

前面章节学习了各种制图方法，要熟悉、会用，同时还要学习有关心理学、民俗学、人机工程学、色彩学以及材料学等各方面的知识。要做到绘制或识读一套装饰图时，能及时地调动起我们装饰制图的知识储备，调动起工程图学的知识储备，调动起空间的想象与理解能力，调动起对于人的行为的认识与理解等，从而能够使图纸所表现的所有空间准确、灵活地反应在大脑中，并建立起一个生动、完整、真实的空间概念，使得设计能体现出既具有科学性，又具有以人为本的设计理念。

**[思考与练习题]**

◎ 什么是室内平面图、室内立面图？
◎ 用A3图纸临摹绘制第六章课外实训参考图中的附录B-1和B-6图。

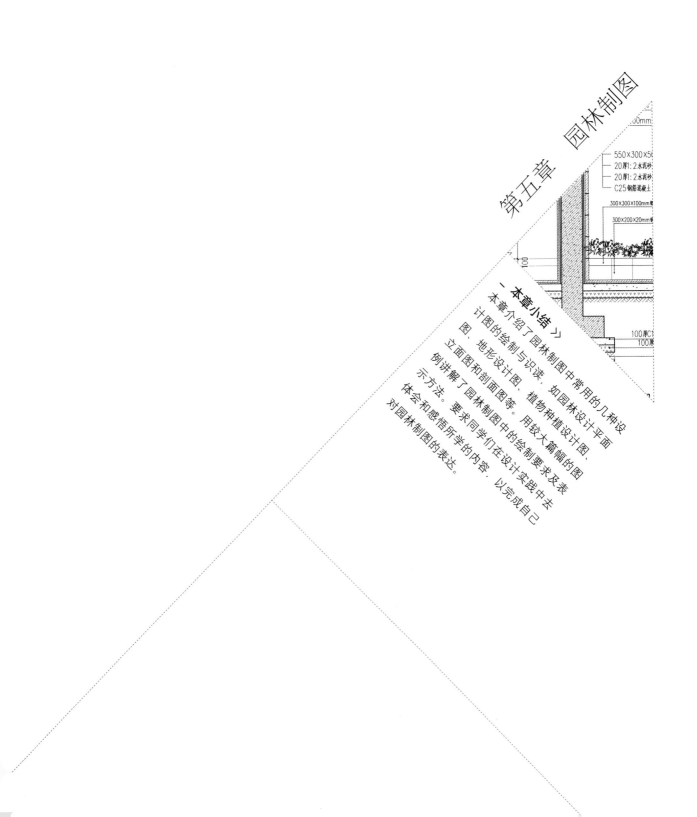

## 〔 本章小结 〕

本章介绍了园林制图中常用的几种设计图的绘制与识读，如园林设计平面图、地形设计图、植物种植设计图、立面图和剖面图等。用较大篇幅的图例讲解了园林制图中的绘制要求及表示方法。要求同学们在设计实践中去体会和感悟所学的内容，以完成自己对园林制图的表达。

550×300×5...
20厚1: 2水泥砂...
20厚1: 2水泥砂...
C25钢筋混凝土...

300×300×100mm...
300×200×20mm...

100厚C1...
100厚...

# 第五章 园林制图

## 第一节 ///// 概述

园林设计图是在掌握园林艺术理论、设计原理、有关工程技术及制图基本知识的基础上所绘制的专业图纸，它可表达园林设计人员的思想和要求，是生产施工与管理的技术文件。

园林设计图的内容较多，本章只介绍较常用的几种设计图的绘制与识读，如园林设计平面图、地形设计图、植物种植设计图、立面图、剖面图等。有时为了表现设计效果，还需绘制透视图。

## 第二节 ///// 园林设计平面图

### 一、内容与用途

园林设计平面图是表现规划范围内的各种造园要素（如地形、山石、水体、建筑及植物等）布局位置的水平投影图，它是反映园林工程总体设计意图的主要图纸，也是绘制其他图纸及造园施工的依据。

### 二、绘制要求

由于园林设计平面图的比例较小，设计者不可能将构思中的各种造园要素以其真实形状表达于图纸上，而是采用一些经国家统一制定的或"约定俗成"的简单而形象的图形来概括表达其设计意图，这些简单而形象的图形叫作"图例"。

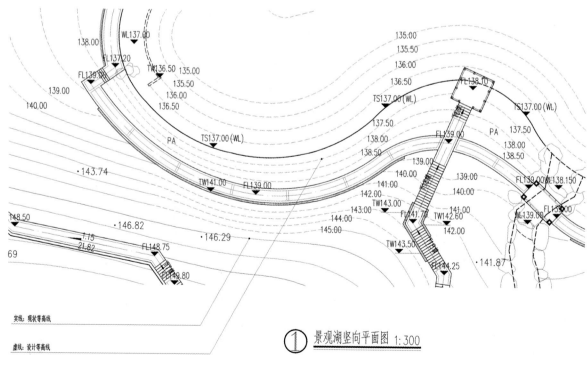

① 景观湖竖向平面图 1:300

图5-2-1 景观湖竖向平面图（局部）

## 三、园林要素表示法

### 1.地形

地形的高低变化及其分布情况通常用等高线表示。现状地形等高线用细实线绘制，设计等高线用细虚线绘制（图5-2-1）。设计平面图中等高线可以不标注高程。

### 2.园林建筑

在大比例图纸中，对有门窗的建筑，可采用通过窗台以上部位的水平剖面图来表示。对没有门窗的建筑，采用通过支撑柱部位的水平剖面图来表示，用粗实线画出断面轮廓，用中实线画出其他可见轮廓（图5-2-2）。

此外，也可采用屋顶平面图来表示（仅适用于坡屋顶和曲面屋顶），用粗实线画出外轮廓，用细实线画出屋面，对花坛、花架等建筑小品用细实线画出投影轮廓（图5-2-3）。

在小比例图纸中（1∶1000以上），只需用粗实线画出水平投影外轮廓线。建筑小品可不画。

### 3.水体

水体一般用两条线表示，外面的一条表示水体边界线（即驳岸线），用特粗实线绘制；里面的一条表示水面，用细实线绘制。

### 4.山石

山石均采用其水平投影轮廓线概括表示，以粗实线绘出边缘轮廓，以细实线概括绘出皴纹。

### 5.园路

园路用细实线画出路缘，对铺装路面也可按设

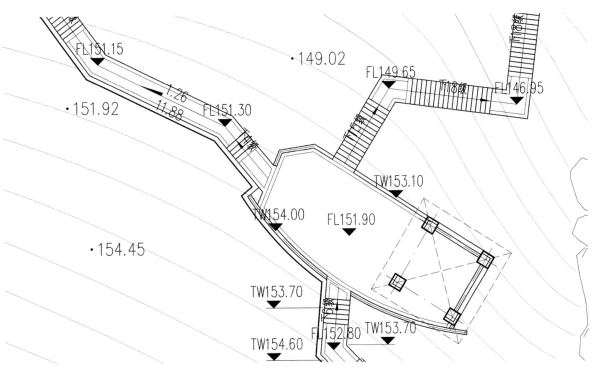

图5-2-2 四角亭

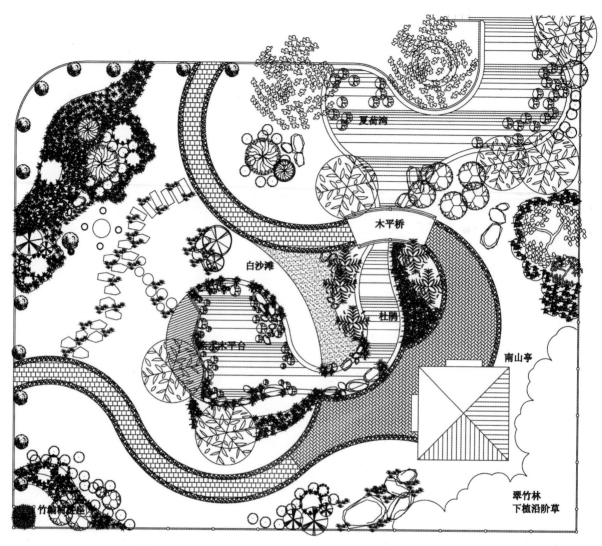

图5-2-3　南山亭

图中文字：夏荷湾　木平桥　白沙滩　杜鹃　南山亭　休木平台　竹篱幽小座　翠竹林 下植沿阶草

| 树种 | 孤立树 | 高大乔木 | 中小乔木 | 常绿大乔木 | 锥形幼树 | 花灌木 | 绿篱 |
|------|--------|----------|----------|------------|----------|--------|------|
| 冠径 | 10—15 | 5—10 | 3—7 | 4—8 | 2—3 | 1—3 | 宽1—1.5 |

表5-2-1　树冠直径（cm）

计图案简略示出。

### 6.植物

　　园林植物由于种类繁多，姿态各异，平面图中无法详尽地表达，一般采用"图例"做概括的表示，所绘图例应区分出针叶树、阔叶树、常绿树、落叶树、乔木、灌木、绿篱、花卉、草坪、水生植物等（图5-2-4），对常绿植物在图例中应画出间距相等的细斜线表示。

　　绘制植物平面图图例时，要注意曲线过渡自然，图形应形象、概括。树冠的投影，要按成龄以后的树冠大小画，参考表5-2-1所列冠径。

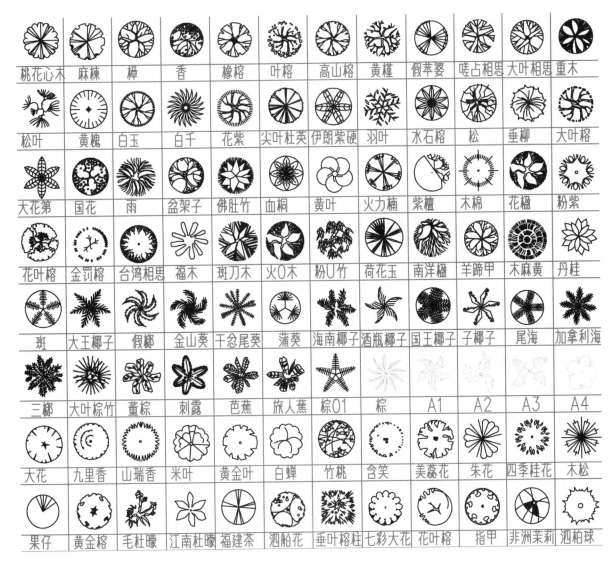

图5-2-4

| | | | | | | | | | | | |
|---|---|---|---|---|---|---|---|---|---|---|---|
| 桃花心木 | 麻楝 | 樟 | 香 | 橡榕 | 叶榕 | 高山榕 | 黄槿 | 假苹婆 | 嗟占相思 | 大叶相思 | 重木 |
| 松叶 | 黄槐 | 白玉 | 白千 | 花紫 | 尖叶杜英 | 伊朗紫硬 | 羽叶 | 水石榕 | 松 | 垂柳 | 大叶榕 |
| 天花第 | 国花 | 雨 | 盆架子 | 佛肚竹 | 血桐 | 黄叶 | 火力楠 | 紫檀 | 木棉 | 花楹 | 粉紫 |
| 花叶榕 | 金罚榕 | 台湾相思 | 福木 | 斑刀木 | 火O木 | 粉U竹 | 荷花玉 | 南洋楹 | 羊蹄甲 | 木麻黄 | 丹桂 |
| 斑 | 大王椰子 | 假椰 | 金山葵 | 干念尾葵 | 蒲葵 | 海南椰子 | 酒瓶椰子 | 国王椰子 | 子椰子 | 尾海 | 加拿利海 |
| 三椰 | 大叶棕竹 | 董棕 | 刺露 | 芭蕉 | 旅人蕉 | 棕O1 | 棕 | A1 | A2 | A3 | A4 |
| 大花 | 九里香 | 山瑞香 | 米叶 | 黄金叶 | 白蝉 | 竹桃 | 含笑 | 美蕊花 | 朱花 | 四季桂花 | 木松 |
| 果仔 | 黄金榕 | 毛杜曝 | 江南杜曝 | 福建茶 | 泗船花 | 垂叶榕柱 | 七彩大花 | 花叶榕 | 指甲 | 非洲茉莉 | 泗柏球 |

## 四、标注定位尺寸或坐标网

设计平面图中定位方式有两种，一种是根据原有景物定位，标注新设计的主要景物与原有景物之间的相对距离，另一种是采用直角坐标网定位。直角坐标网有建筑坐标网和测量坐标网两种标注方式。建筑坐标网是以工程范围内的某一点为"0"点，再按一定距离画出网络，水平方向为B轴，垂直方向为A轴，便可确定网格坐标。测量坐标网是根据造园所在地的测量基准点的坐标，确定网格的坐标，水平方向为y轴，垂直方向为x轴，坐标网格用细实线绘制（图5-2-5）。

## 五、绘制比例、风玫瑰图或指北针

为了便于阅读，园林设计平面图中宜采用线段比例尺和风玫瑰（图5-2-6）。风玫瑰图是根据当地多年统计的各个方向、吹风次数的平均百分数值，再按一定比例绘制而成的，图例中粗实线表示全年风频情况，虚线表示夏季风频情况，最长线段为当地主导风向。没有风玫瑰图的情况下应绘制指北针。

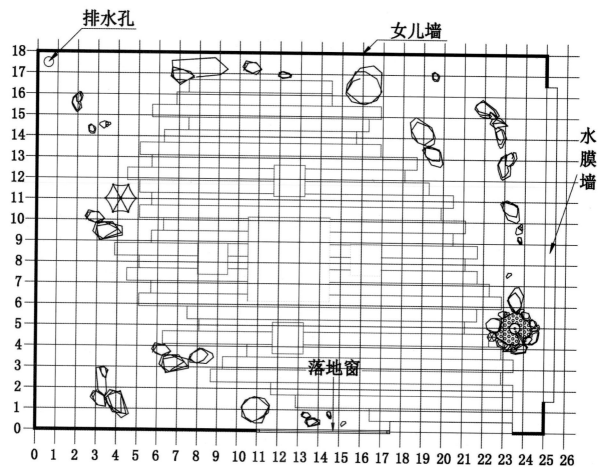

排水孔　女儿墙　水膜墙　落地窗

图5-2-5　尺寸标注图

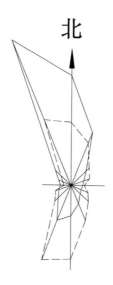

北

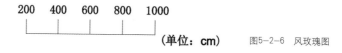

200　400　600　800　1000

（单位：cm）　图5-2-6　风玫瑰图

## 第三节///// 园林设计立面图和剖面图

### 一、园林制图中立面图、剖面图的作用

在沟通设计构想时，通常需要表达比在平面图上所能显示的更多内容。在平面上，除了使用阴影和层次外，没有其他方法来显示垂直元素的细部及其与水平形状之间的关系。然而，剖、立面图却是达到这个目的的有效工具。

（1）可强调各要素间的空间关系（图5-3-1）。

（2）可显示平面图无法显示的元素，如景墙上的文字（图5-3-2）。

（3）可展示细节部分结构（图5-3-3）

图5-3-1

### 二、绘制剖面图应注意其两个不可或缺的特性

（1）一条明显的剖面轮廓线。

（2）同一比例绘制的所有垂直物体，不论它距此剖面线多远，都应绘出。

有时我们可以在剖面图上说明其相对应的平面上的切线位置，同时也可以在平面上直接标出剖面切线的视线方向。（图5-3-4）

### 三、立面图、剖面图的表现法

剖面图、立面图显示被切的表面和（或）侧面轮廓线，以及在剖面线前一段距离内相同比例的所有元素（绘图者可自行决定剖面线前的哪些元素要表现出来）。但通常较近的物体会以较深的线条来绘较多的细部，而较远的物体（如果也要在图面上显示出来的）则以较轻的轮廓线概略地画出。（图5-3-4）

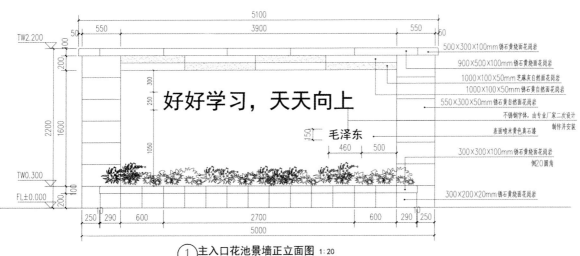

① 主入口花池景墙正立面图 1:20

图5-3-2

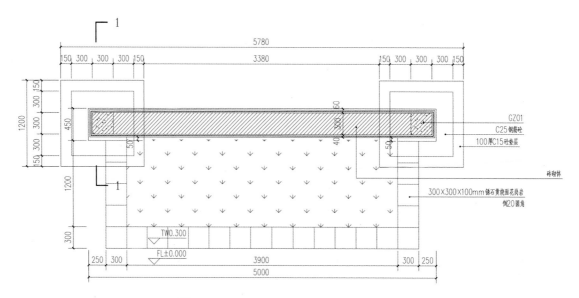

图5-3-3

② 主入口花池景墙底平面图 1:20

GZ01
C25钢筋砼
100厚C15砼垫层

砖砌体

300×300×100mm锈石黄烧面花岗岩
倒20圆角

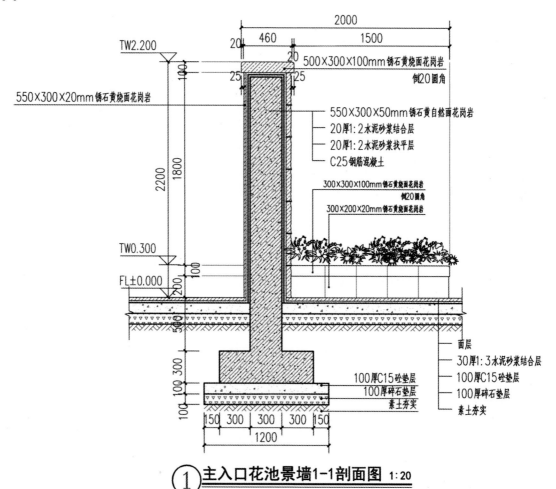

TW2.200

500×300×100mm锈石黄烧面花岗岩
倒20圆角

550×300×20mm锈石黄烧面花岗岩

550×300×50mm锈石黄自然面花岗岩
20厚1:2水泥砂浆结合层
20厚1:2水泥砂浆找平层
C25钢筋混凝土

300×300×100mm锈石黄烧面花岗岩
倒20圆角
300×200×20mm锈石黄烧面花岗岩

TW0.300

FL±0.000

面层
30厚1:3水泥砂浆结合层
100厚C15砼垫层
100厚碎石垫层
素土夯实

100厚C15砼垫层
100厚碎石垫层
素土夯实

① 主入口花池景墙1-1剖面图 1:20

图5-3-4

## 第四节////地形设计图

### 一、内容与用途

地形设计图是根据园林设计平面图及原地形图绘制的地形详图，它借助标注高程的方法，表示地形在竖直方向上的变化情况，它是造园时地形处理的依据。

### 二、绘制要求

#### 1. 绘制等高线

根据地形设计，选定等高距，用细虚线绘出设计地形等高线，用细实线绘出原地形等高线。等高线上应标注高程，高程数字处等高线应断开，高程数字的字头应朝向山头，数字要排列整齐。周围平整地面或建筑室内高程为±0.000，高于地面为正，

数字前"+"号省略；低于地面为负，数字前应注写"－"号。高程单位为m，要求至少保留两位小数。

#### 2. 标注建筑、山石、道路高程

将设计平面图中的建筑、山石、道路、广场等位置按外形水平投影轮廓绘制到地形设计图中，其中建筑用中实线，广场、道路用细实线。建筑应标注室内地坪标高，以箭头指向所在位置。山石用标高符号标注最高部位的标高（图5-4-1）。道路高程，一般标注在交汇、转向、变坡处，标注位置以圆点表示，圆点上方标注高程数字。

#### 3. 绘制比例、指北针，注写标题栏及技术要求等

必要时，可绘制出某一剖面的断面图，以便直观地表达该剖面上竖向变化情况（图5-4-2）。

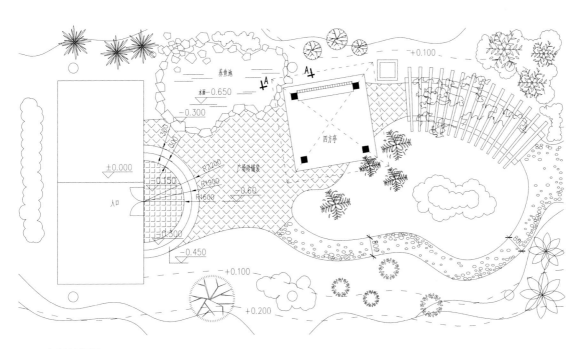

图5-4-1　竖向设计平面图

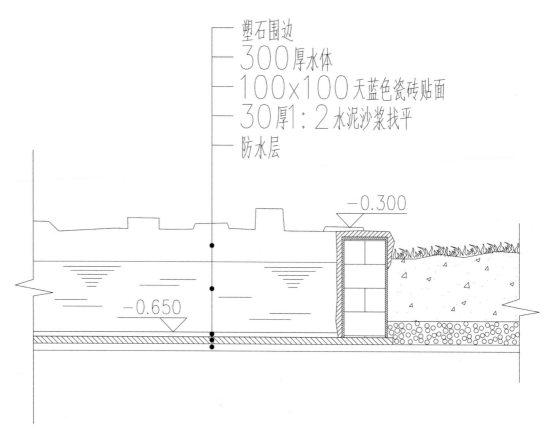

塑石围边
300厚水体
100×100天蓝色瓷砖贴面
30厚1：2水泥沙浆找平
防水层

-0.300

-0.650

图5-4-2 A—A剖面图

## 第五节 ///// 植物种植设计图

### 一、内容与用途

植被是构成园林的基本要素之一。园林植物种植设计图是表示植物位置、种类、数量、规格及种植类型的平面图，是组织种植施工和养护管理、编制预算的重要依据。

### 二、 绘制要求

#### 1.设计平面图

在设计平面图上，绘出建筑、水体、道路等位置，并将各种植物按平面图中的图例，绘制在所设计的种植位置上。单株或丛植的植物宜以圆点表示

种植位置，对蔓生和成片种植的植物，用细实线绘出种植范围，草坪用小圆点表示。为了便于区别树种，计算株数，应将不同树种统一编号，标注在树冠图例内（图5-5-1）。

#### 2.标注定位尺寸

自然式植物种植设计图，宜用与设计平面图、地形图同样大小的坐标网确定种植位置（图5-5-2）。规则式植物种植设计图，宜相对某一原有地上物，用标注株行距的方法，确定种植位置。

#### 3.编制苗木统计表

在图中适当位置，列表说明所设计的植物编号、树种名称、拉丁文名称、规格、单位、数量等。如表5-5-1所示。

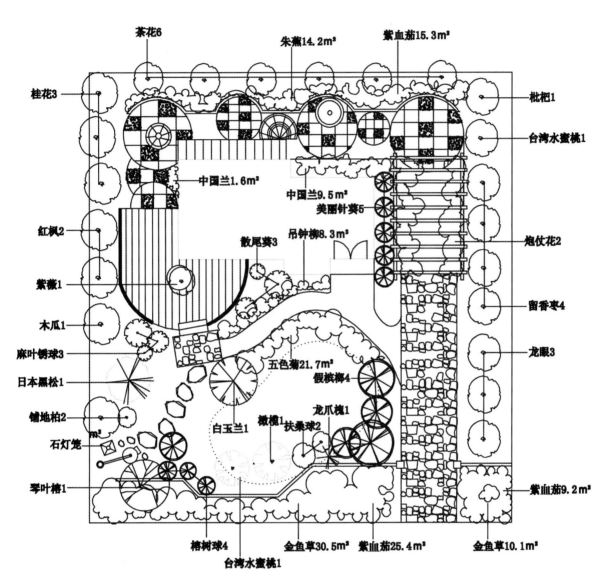

茶花6　　朱蕉14.2m²　　紫血茄15.3m²

桂花3　　　　　　　　　　　　　　　　　枇杷1

　　　　　　　　　　　　　　　　　　台湾水蜜桃1

中国兰1.6m²

中国兰9.5m²
美丽针葵5

红枫2

散尾葵3　　吊钟柳8.3m²　　　　炮仗花2

紫薇1

窗香枣4

木瓜1

龙眼3

麻叶锈球3

日本黑松1　　　　　　五色菊21.7m²
假槟榔4

铺地柏2　　白玉兰1　橄榄1　扶桑球2　龙爪槐1

石灯笼

　　　　　　　　　　　　　　　　　　紫血茄9.2m²
琴叶榕1

楷树球4　　金鱼草30.5m²　紫血茄25.4m²　金鱼草10.1m²
台湾水蜜桃1

| 编号 | 名称 | 规格 | 单位 | 数量 | 备注 |
|---|---|---|---|---|---|
| 1 | 茶花 | H 160CM | 株 | 6 | 灌木(红色) |
| 2 | 桂花 | H 220CM | 株 | 3 | 飘香植物 |
| 3 | 枇杷 | H 150CM | 株 | 1 | 果树 |
| 4 | 台湾水蜜桃 | H 200CM | 株 | 2 | 进口果树 |
| 5 | 炮仗花 | | 株 | 2 | 藤本植物 |
| 6 | 窗香枣 | H 250CM | 株 | 4 | 果树 |
| 7 | 龙眼 | H 280CM | 株 | 3 | 果树 |
| 8 | 红枫 | H 190CM | 株 | 2 | 色叶植物(暗红) |
| 9 | 美丽针葵 | H 110CM | 株 | 5 | |
| 10 | 散尾葵 | H 140-175CM | 株 | 3 | |
| 11 | 紫薇 | H 300CM | 株 | 1 | 孤植造景树 |
| 12 | 木瓜 | H 160CM | 株 | 1 | 果树 |
| 13 | 麻叶锈球 | H 80-120CM | 株 | 3 | 球冠(白色) |
| 14 | 日本黑松 | H 145CM | 株 | 1 | |

| 编号 | 名称 | 规格 | 单位 | 数量 | 备注 |
|---|---|---|---|---|---|
| 15 | 铺地柏 | | 株 | 2 | |
| 16 | 假槟榔 | H 145-250CM | 株 | 4 | |
| 17 | 白玉兰 | H 350CM | 株 | 1 | 飘香植物 |
| 18 | 橄榄 | H 175CM | 株 | 1 | 果树 |
| 19 | 扶桑球 | H 80-120CM | 株 | 2 | |
| 20 | 龙爪槐 | H 135CM | 株 | 1 | 孤植造景树 |
| 21 | 琴叶榕 | H 235CM | 株 | 1 | |
| 22 | 楷树球 | H 100-120CM | 株 | 4 | |
| 23 | 朱蕉 | | m² | 14.2 | |
| 24 | 紫血茄 | | m² | 49.9 | |
| 25 | 中国兰 | | m² | 11.1 | 飘香植物 |
| 26 | 吊钟柳 | | m² | 8.3 | |
| 27 | 五色菊 | | m² | 21.7 | |
| 28 | 金鱼草 | | m² | 40.6 | |

图5-5-1　植物配置图

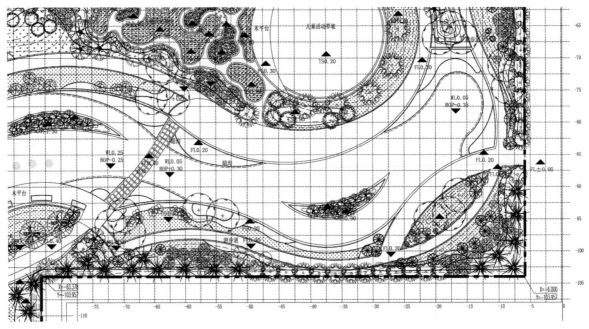

图5-5-2 植物设计总平面及网格定位图（局部）

乔 木 苗 木 表

| 序号 | 图例 | 植物名称 | 拉丁名 | 规格 | | | 株距 (m) | 分支点 (m) | 单位 | 数量 | 备注 |
|---|---|---|---|---|---|---|---|---|---|---|---|
| | | | | 干径 (cm) | 株高 (cm) | 冠幅 (cm) | | | | | |
| 1 | | 香樟A | Cinnamomum camphora | 20-22 | 600-700 | 350-400 | 见图 | 2-2.5 | 株 | 35 | 熟货，全冠不偏冠，树形美观 |
| 2 | | 香樟B | Cinnamomum camphora | 15-18 | 450-550 | 250-300 | 见图 | 1.8 | 株 | 23 | 熟货，全冠不偏冠，树形美观 |
| 3 | | 桂花A | Osmanthus fragrans | - | 400-500 | 300-400 | 见图 | <1 | 株 | 8 | 丛生或低分支，树冠饱满，树形好 |
| 4 | | 桂花B | Osmanthus fragrans | 8-10 | 300-350 | 200-250 | 见图 | 1.3 | 株 | 44 | 熟货，全冠，树形美观 |
| 5 | | 桂花C | Osmanthus fragrans | 8-10 | 300-400 | 200-250 | 见图 | 1.3 | 株 | 20 | 熟货，全冠，树形美观 |
| 6 | | 丛生栾树 | Koelreuteria paniculata | 丛生 | 600-700 | 400-500 | 见图 | - | 株 | 14 | 丛生，4-5头，每头胸径>8cm |
| 7 | | 丛生紫叶李 | Prunus ceraifera cv. Pissardii | 地径15-16 | 350-400 | 350-400 | 见图 | <0.5 | 株 | 11 | 低分支，树冠饱满，观赏性强 |
| 8 | | 日本晚樱 | Prunus serrulata | 15 | 350-400 | 250-300 | 见图 | 1.5 | 株 | 11 | 树冠饱满，树形美观 |
| 9 | | 紫薇A | Lagerstroemia indica | 丛生 | 350-400 | 300-400 | 见图 | - | 株 | 2 | 甲方特选精品树，种植在入口两侧 |
| 10 | | 紫薇B | Lagerstroemia indica | 6-7 | 250-300 | 200-300 | 见图 | - | 株 | 3 | 低分支，树冠饱满，观赏性强 |
| 11 | | 垂丝海棠 | Malus halliana | 丛生 | 300-400 | 300-400 | 见图 | - | 株 | 4 | 丛生，多分支，树形好 |
| 12 | | 红枫 | Acer palma tum | 4-5 | 150-180 | 150-200 | 见图 | - | 株 | 20 | 树冠饱满，树形美观 |

表5-5-1 乔木苗木表

## 4.绘制种植详图

必要时按苗木统计表中编号（即图号）绘制种植详图，说明种植某一种植物时挖坑、覆土、施肥、支撑等种植施工要求（图5-5-3）。

最后，绘制比例、风玫瑰图或指北针，注写主要技术要求及标题栏。

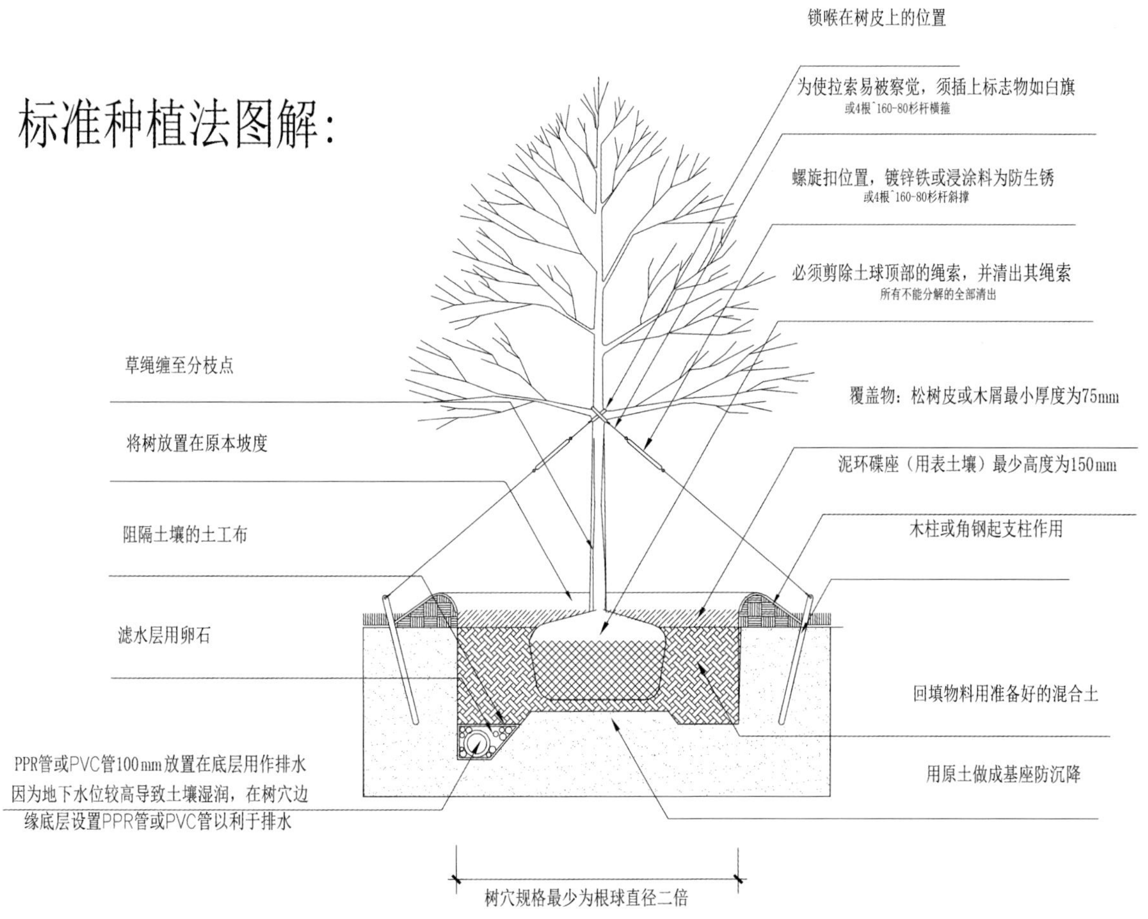

# 标准种植法图解：

锁喉在树皮上的位置

为使拉索易被察觉，须插上标志物如白旗
或4根~160-80杉杆横篱

螺旋扣位置，镀锌铁或浸涂料为防生锈
或4根~160-80杉杆斜撑

必须剪除土球顶部的绳索，并清出其绳索
所有不能分解的全部清出

覆盖物：松树皮或木屑最小厚度为75mm

泥环碟座（用表土壤）最少高度为150mm

木柱或角钢起支柱作用

回填物料用准备好的混合土

用原土做成基座防沉降

草绳缠至分枝点

将树放置在原本坡度

阻隔土壤的土工布

滤水层用卵石

PPR管或PVC管100mm放置在底层用作排水
因为地下水位较高导致土壤湿润，在树穴边
缘底层设置PPR管或PVC管以利于排水

树穴规格最少为根球直径二倍

图5-5-3 种植详图

[思考与练习题]

◎ 抄绘图5-3-3中平面图及剖面图；

◎ 选择校内一处景观进行测绘并绘制出其平面图及立面图。

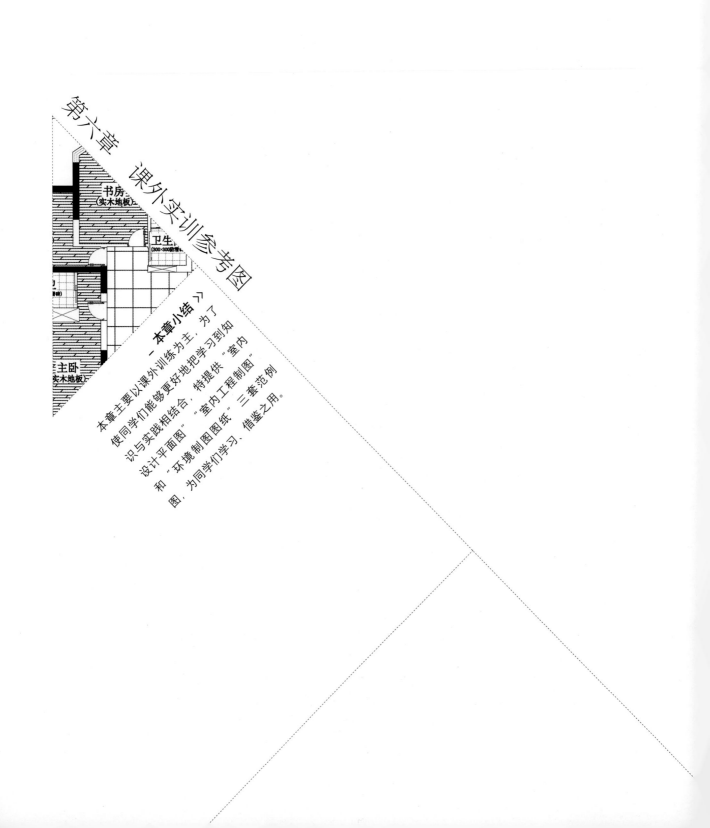

书房
(实木地板)

卫生间
(300×300防滑砖)

主卧
(实木地板)

**本章小结**

本章主要以课外训练为主，为了使同学们能够更好地把学习到知识与实践相结合，特提供"室内设计平面图"、"室内工程制图"和"环境制图图纸"三套范例图，为同学们学习、借鉴之用。

# 第六章　课外实训参考图

## 附录A　室内设计制图范例

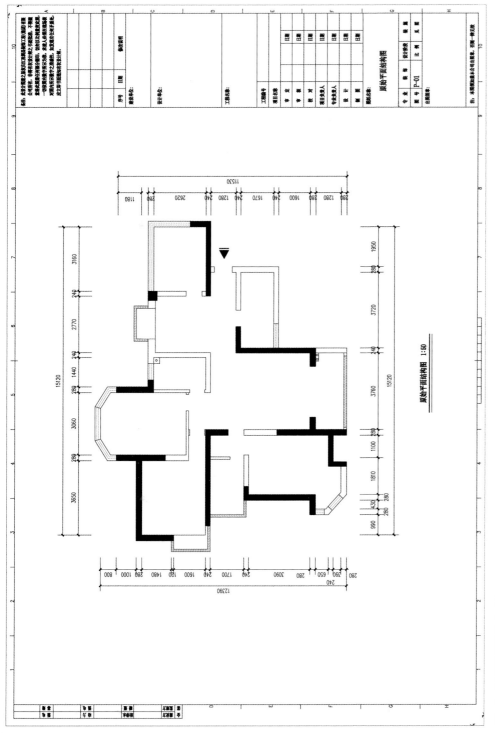

图A-1　原始平面结构图 1:50

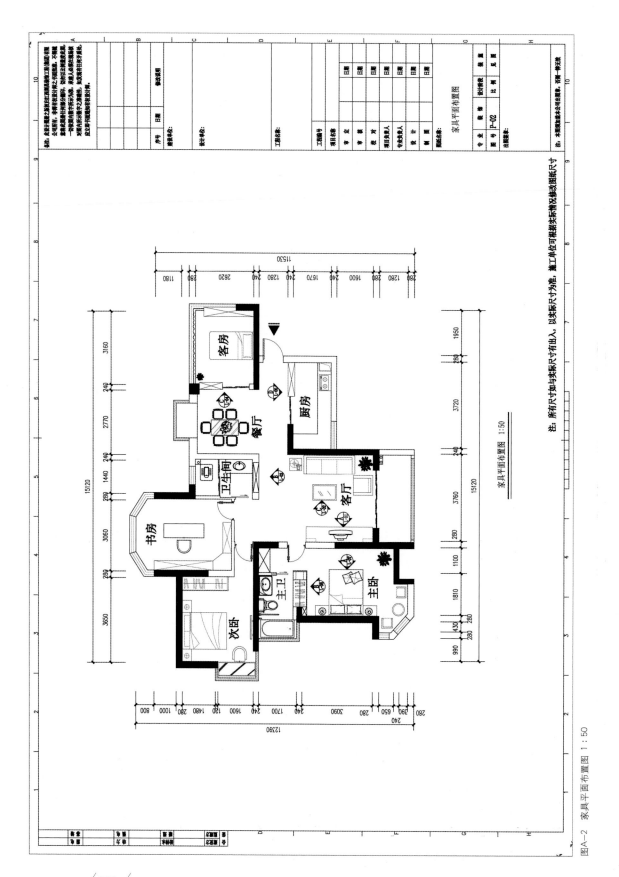

家具平面布置图 1:50

注: 所有尺寸如与实际尺寸有出入, 以实际尺寸为准, 施工单位可根据实际情况修改图纸尺寸

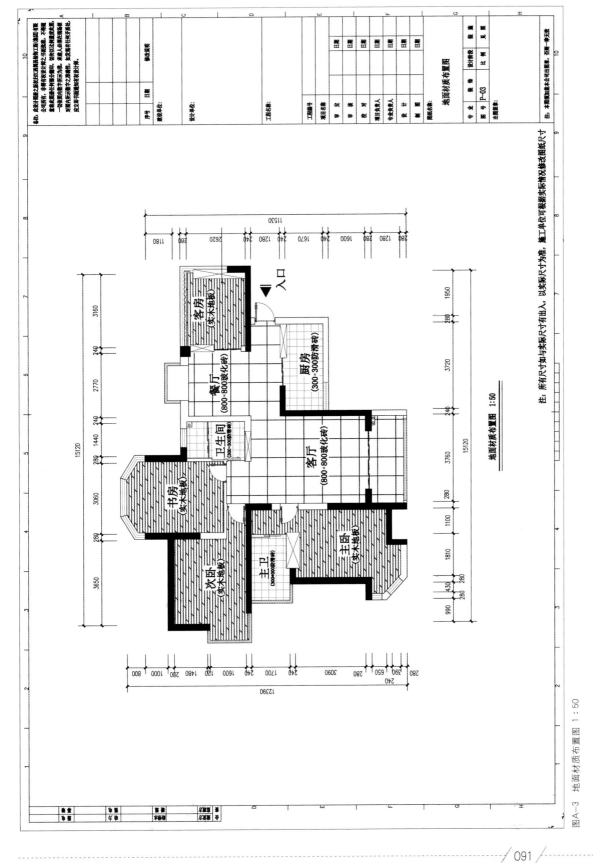

地面材质布置图 1:50

注: 所有尺寸如与实际尺寸有出入, 以实际尺寸为准. 施工单位可根据实际情况及修改图纸尺寸

图A-3 地面材质布置图 1:50

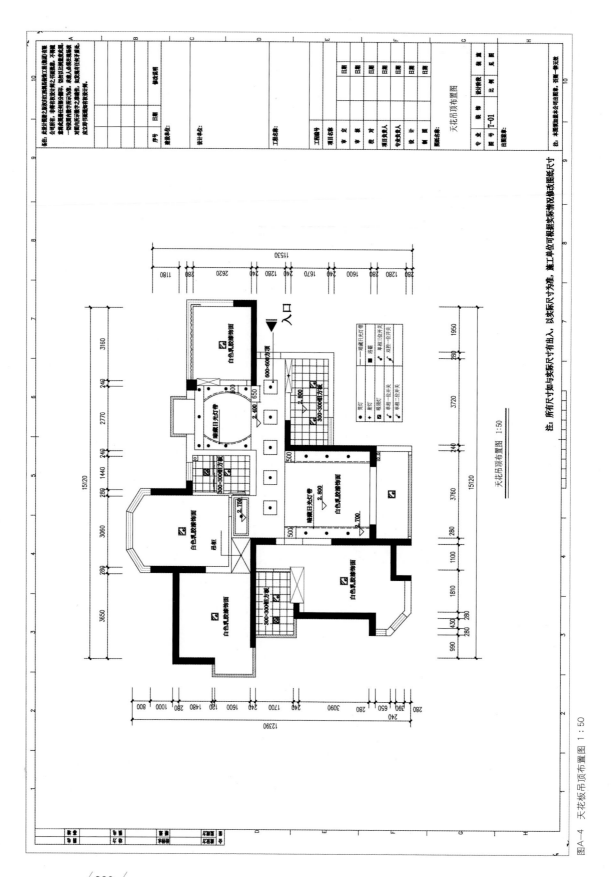

天花吊顶布置图 1:50

注：所有尺寸如与实际尺寸有出入，以实际尺寸为准，施工单位可根据现场情况核实图纸尺寸

图A—4 天花板吊顶布置图 1:50

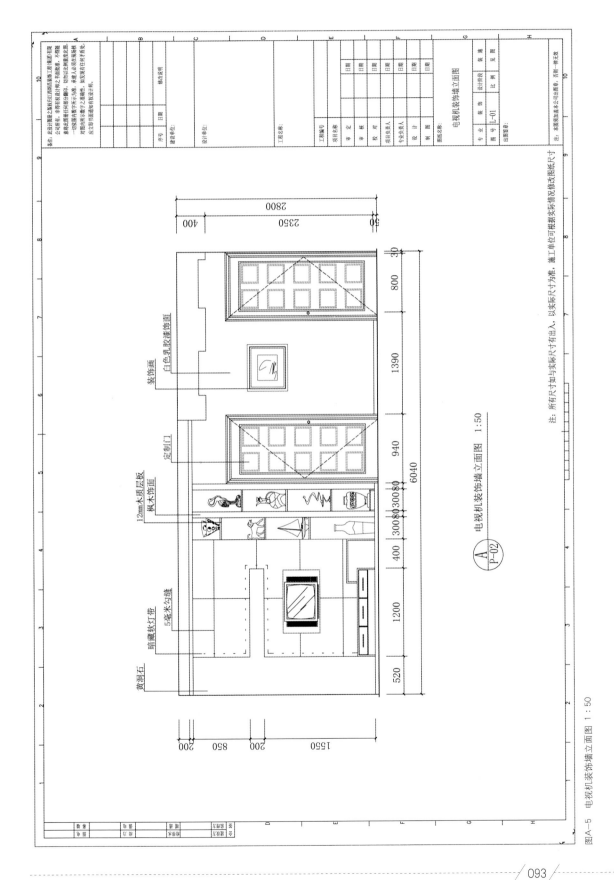

电视机装饰墙立面图　1:50

白色乳胶漆饰面

装饰画

定制门

12mm木质层板

枫木饰面

暗藏软灯带

5毫米勾缝

黄洞石

2800
400　2350　50

30　800　1390　940　300 30 30 80　400　300　1200　520

6040

A / P-02

注：所有尺寸如与实际尺寸有出入，以实际尺寸为准，施工单位可根据实际情况修改图纸尺寸

200　850　200　1550

电视机装饰墙立面图

专业　装饰　设计阶段　装修
图号　JL-01　比例　见图

图纸名称：　电视机装饰墙立面图

工程编号：　项目名称：　审定：　日期　审核：　日期　校对：　日期　项目负责人：　日期　专业负责人：　日期　设计：　日期　制图：　日期

工程名称：

设计单位：

建设单位：

序号　修改说明　日期

备注：此设计图纸之版权归江西纳凯装饰工程(集团)有限公司所有，非得有权设计部门之书面批准，不得擅自套绘此图纸任何部分翻印。切勿以比例量度此图。一切绘图内数字所示为准，未建入必须在现场核接对图纸内所示数字之差错性。如发现有任何差错处，应立即与图建知有权设计师。

注：本图册加盖本公司出图章：否则一律无效
出图章：

图A-5　电视机装饰墙立面图　1:50

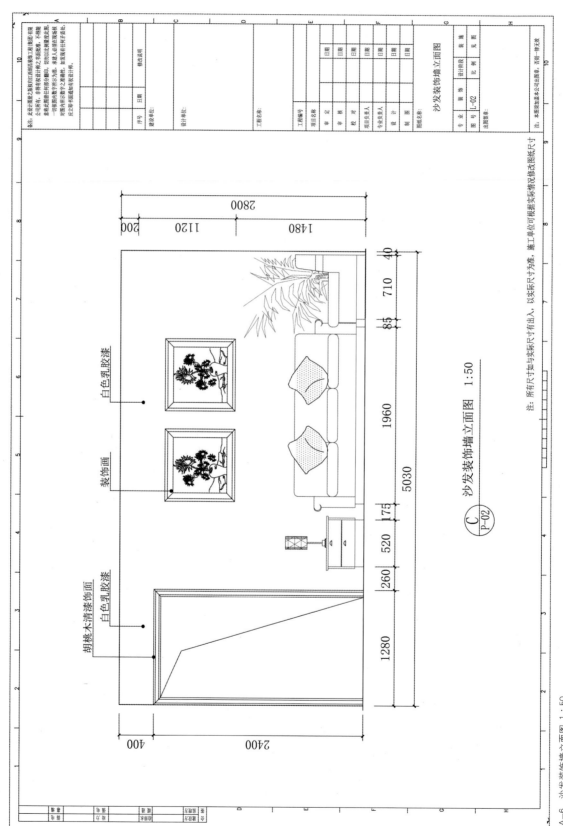

沙发装饰墙立面图 1:50

注：所有尺寸如与实际尺寸有出入，以实际尺寸为准。施工单位可根据实际情况修改图纸尺寸

白色乳胶漆

装饰画

白色乳胶漆

胡桃木清漆饰面

2800
200 1120 1480

40
710
85
1960
5030
175
520
260
1280

400
2400

C
P-02

沙发装饰立面图

专业 装饰
图号 L-02
设计阶段 装修
比例 见图

备注：此设计图纸之版权归江西朋装饰建筑工程（集团）有限公司所有。非特有权设计师之书面批准，不得擅自盗窃此图纸作任何部分翻印。切勿比例量度此图，一切纸张内数字尺寸所示为准。承建入必须在现场核实图内所示数字之准确性。加现场有任何差错处，应立即书面通知本设计师。

序号 | 日期 | 修改说明
建设单位：
设计单位：
工程名称：
项目编号
项目名称
审 定 | 日期
审 核 | 日期
校 对 | 日期
项目负责人 | 日期
专业负责人 | 日期
设 计 | 日期
制 图 | 日期
图纸名称：

出图签章：

注：本图纸仅本公司出图盖章，否则一律无效

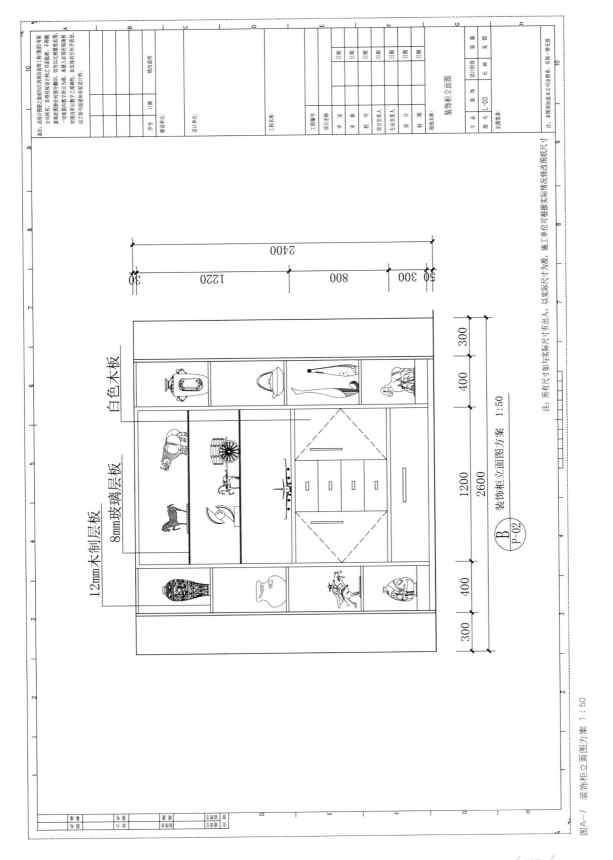

装饰柜立面图方案 1：50

图A—7 装饰柜立面图方案 1：50

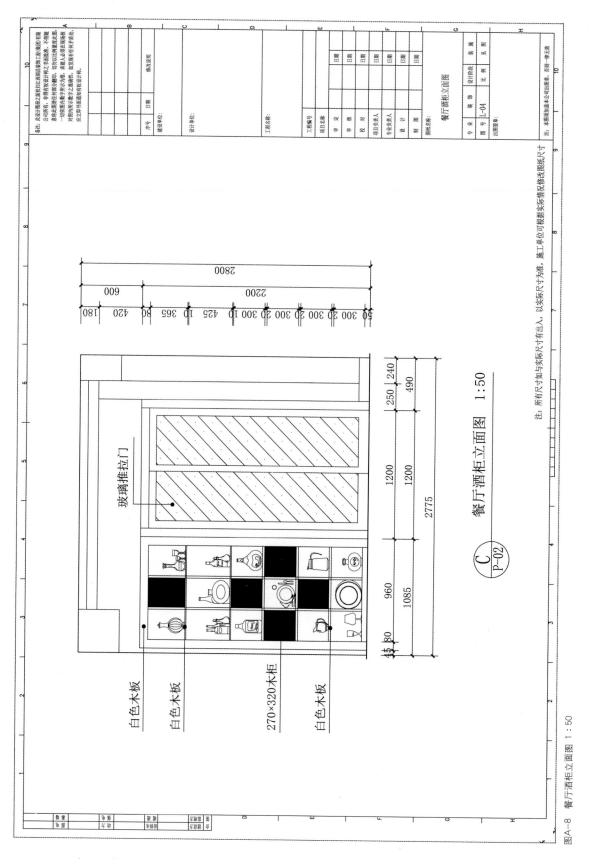

餐厅酒柜立面图 1:50

注：所有尺寸如与实际尺寸有出入，以实际尺寸为准，施工单位可根据实际情况修改图纸尺寸

白色木板

白色木板

270×320木柜

白色木板

玻璃推拉门

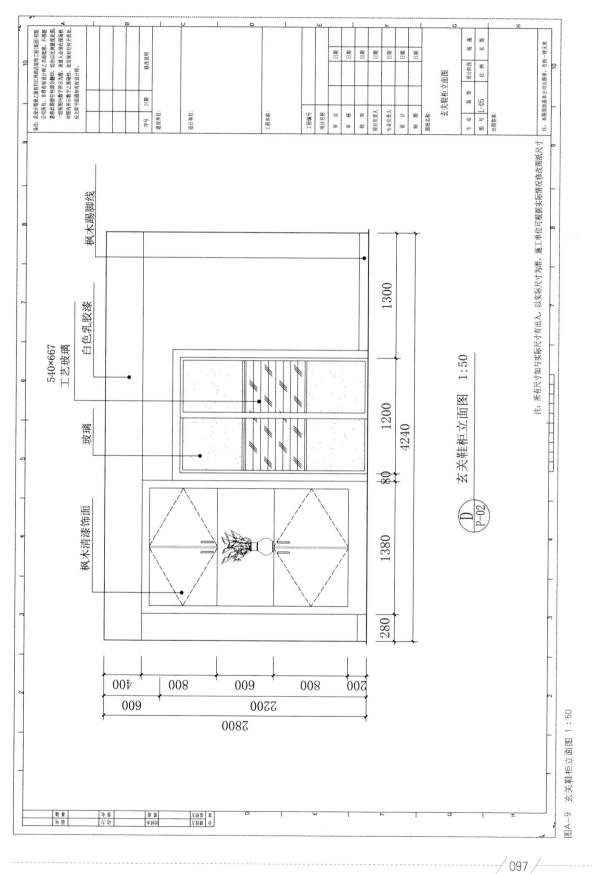

枫木踢脚线

540×667
工艺玻璃

白色乳胶漆

玻璃

枫木清漆饰面

玄关鞋柜立面图 1:50

$\begin{matrix} D \\ P-02 \end{matrix}$

1300

1200

4240

80

1380

280

400

800

600

800

200

600

2200

600

2800

注: 所有尺寸加与实际尺寸有出入, 以实际尺寸为准, 施工单位可根据实际情况修改图纸尺寸

备注: 此设计图纸之版权归属东和装饰工程(集团)有限
公司所有, 非得有授权设计师之书面批准, 不得翻
显将此图纸任何部分翻印, 切勿以比例量度此图。
一切依图内数字之注明为准。承建人必须在现场核
对图内所有数字之距离性。如发现任何存疑处,
应立即书面通知有关设计师。

| 序号 | | 日期 | 修改说明 |
|---|---|---|---|
| 建设单位: | | | |
| 设计单位: | | | |
| 工程名称: | | | |
| 项目名称 | | | 日期 |
| 审 定 | | | 日期 |
| 审 核 | | | 日期 |
| 校 对 | | | 日期 |
| 项目负责人 | | | 日期 |
| 专业负责人 | | | 日期 |
| 设 计 | | | 日期 |
| 制 图 | | | 图纸名称: 玄关鞋柜立面图 |
| 专 业 | 装 饰 | 设计阶段 | 装 盖 |
| 图 号 | L-05 | 比 例 | 见 图 |
| 出图整套: | | | |

注: 本图须加盖本公司出图章, 否则一律无效

附录B 室内工程制图范例

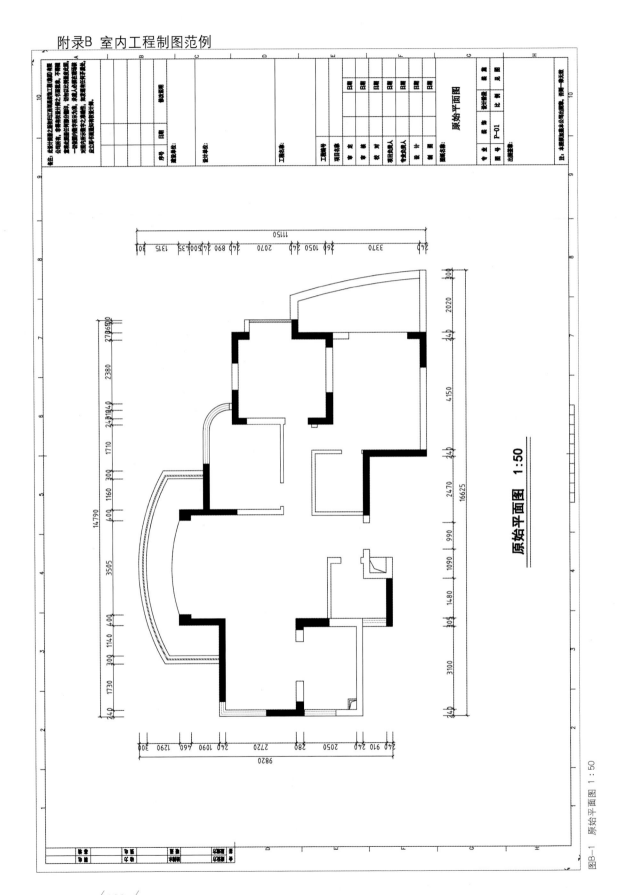

原始平面图 1:50

图B-1 原始平面图 1:50

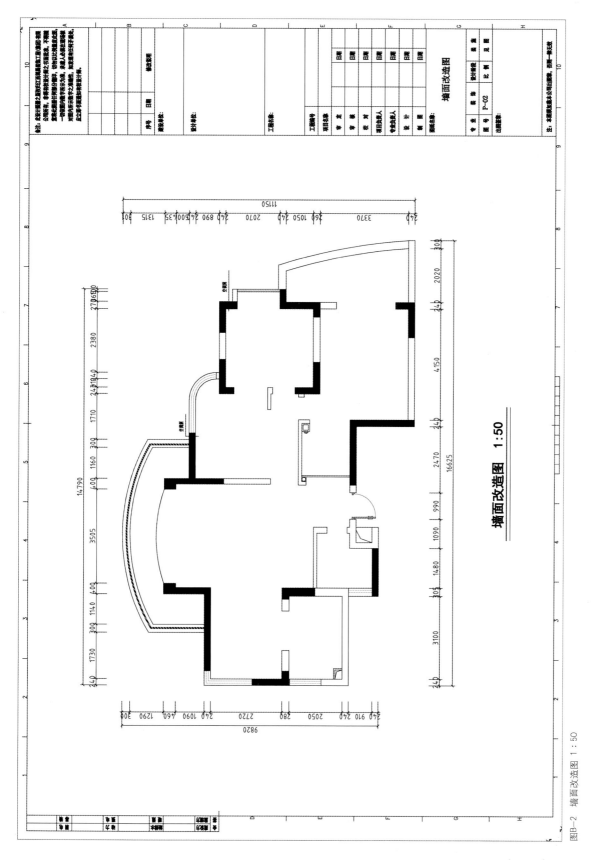

墙面改造图 1:50

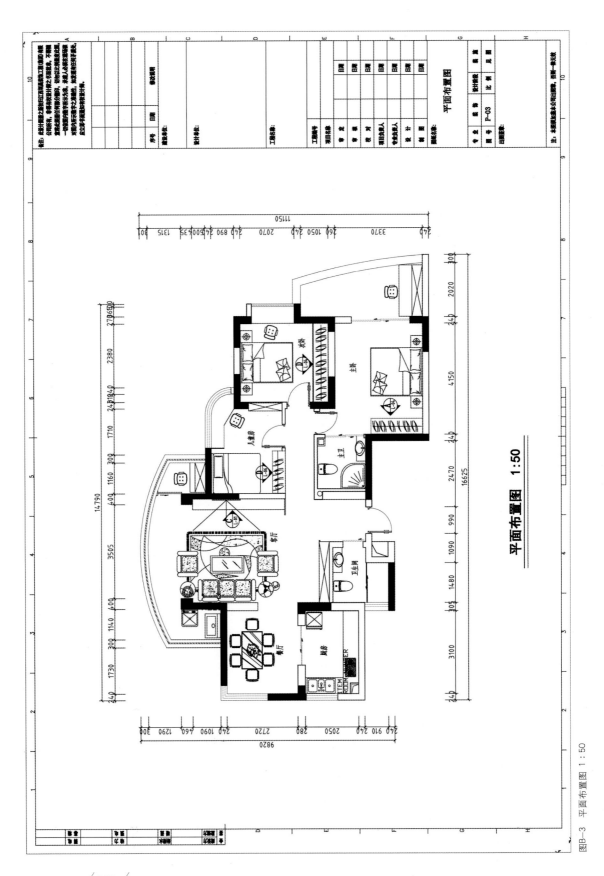

平面布置图 1:50

图B-3 平面布置图 1:50

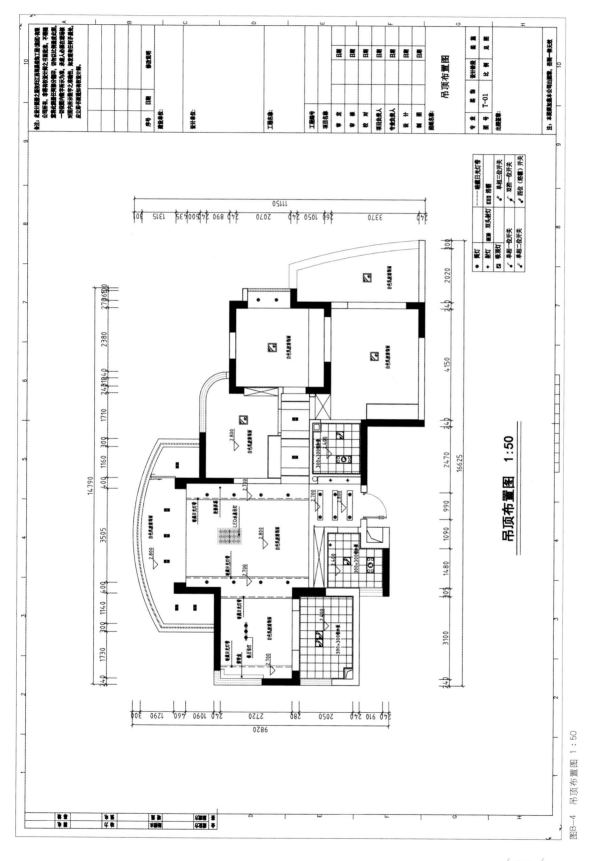

吊顶布置图 1:50

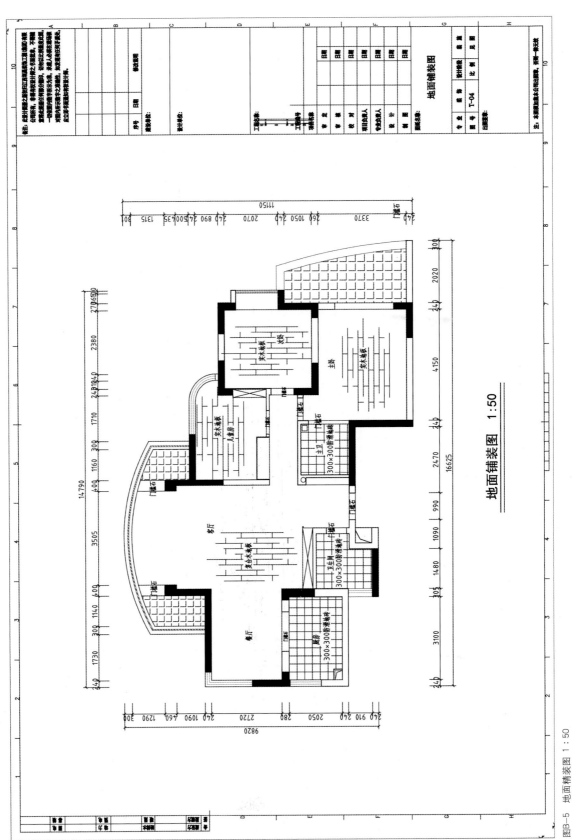

地面铺装图 1:50

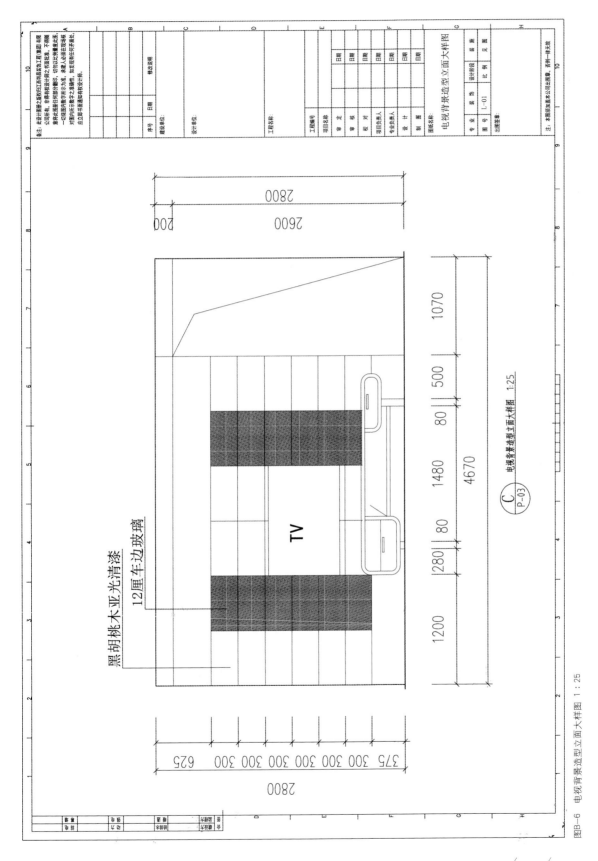

电视背景造型立面大样图 1:25

电视背景造型立面大样图 1:25

黑胡桃木亚光清漆

12厘车边玻璃

TV

电视背景造型立面大样图
电视背景造型立面大样图

图B-6 电视背景造型立面大样图 1：25

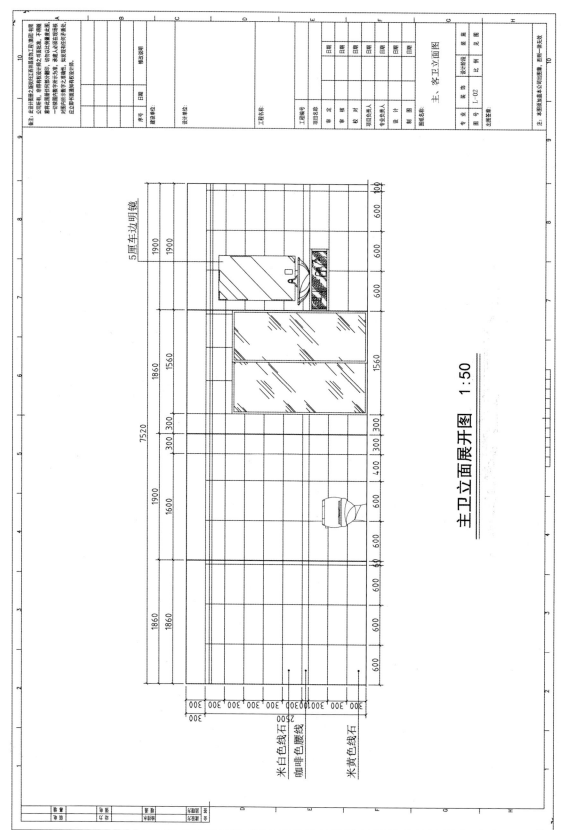

主卫立面展开图 1:50

5厘车边明镜

米白色线石
咖啡色腰线
米黄色线石

主、客卫立面图

图B-7 主卫立面展开图 1:50

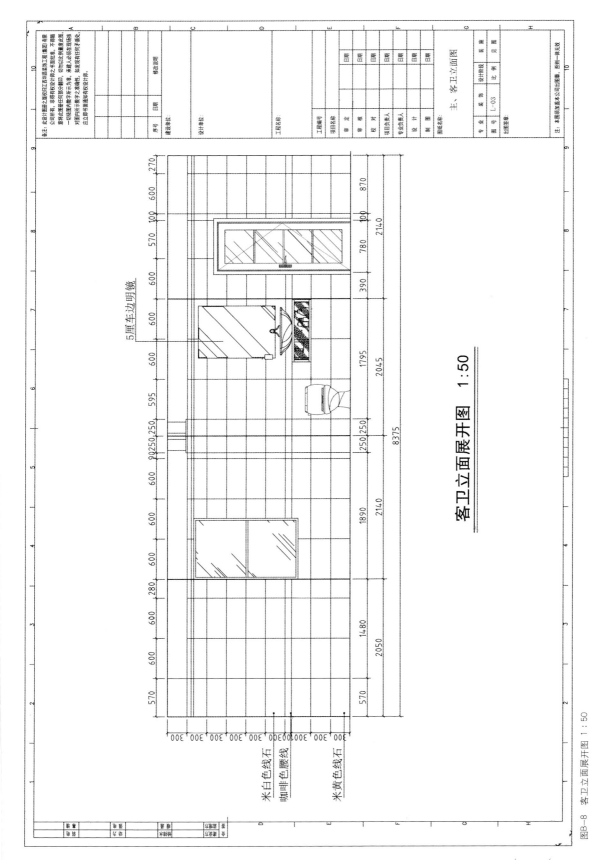

主、客卫立面图

客卫立面展开图 1:50

5厘车边明镜

米白色线石
咖啡色腰线
米黄色线石

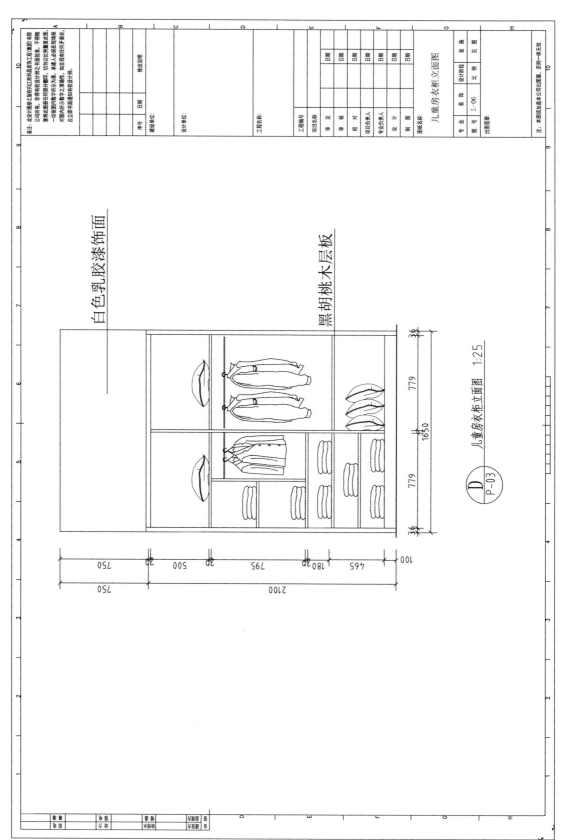

白色乳胶漆饰面

黑胡桃木层板

儿童房衣柜立面图 1:25

D
P-03

| 序号 | 日期 | 修改说明 |
|---|---|---|

| 建设单位： | | |
|---|---|---|
| 设计单位： | | |
| 工程名称： | | |

| 工程编号 | | |
|---|---|---|
| 项目名称 | | |
| 审 定 | 日期 | |
| 审 核 | 日期 | |
| 校 对 | 日期 | |
| 项目负责人 | 日期 | |
| 专业负责人 | 日期 | |
| 设 计 | 日期 | |
| 制 图 | | |

| 图纸名称： | 儿童房衣柜立面图 | |
|---|---|---|
| 专 业 | 装 饰 | 见 图 |
| 图 号 | L-06 | 设计阶段 装 饰 |
| 出图签章 | | 比 例 |

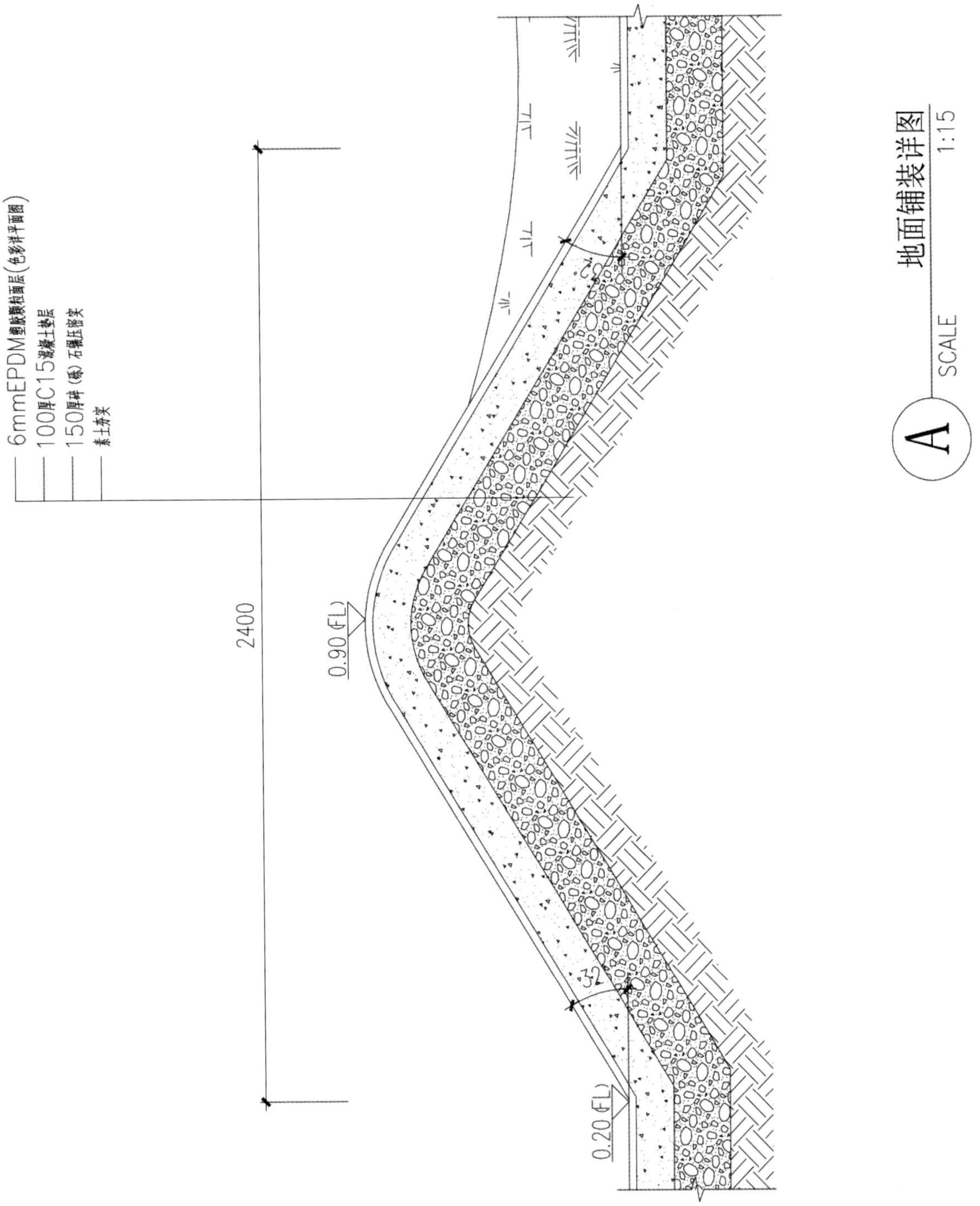
6mmEPDM塑胶颗粒面层(色彩详平面图)
100厚C15混凝土垫层
150厚碎(砾)石碾压密实
素土夯实
2400
0.90(FL)
0.20(FL)
32
A
地面铺装详图
SCALE 1:15

图C-1 地面铺装详图

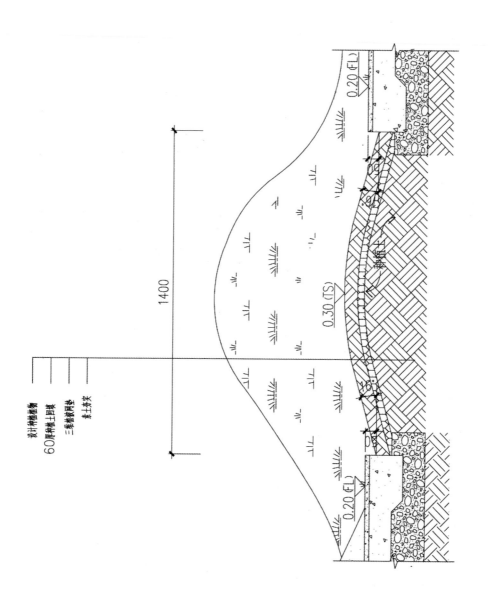

1400

设计种植植物
60厚种植土回填
三维植被网垫
素土夯实

0.20 (FL)

0.30 (TS)

种植土

0.20 (FL)

B —— 景观特色地形详图
SCALE           1:15

图C-2 景观特色地形详图

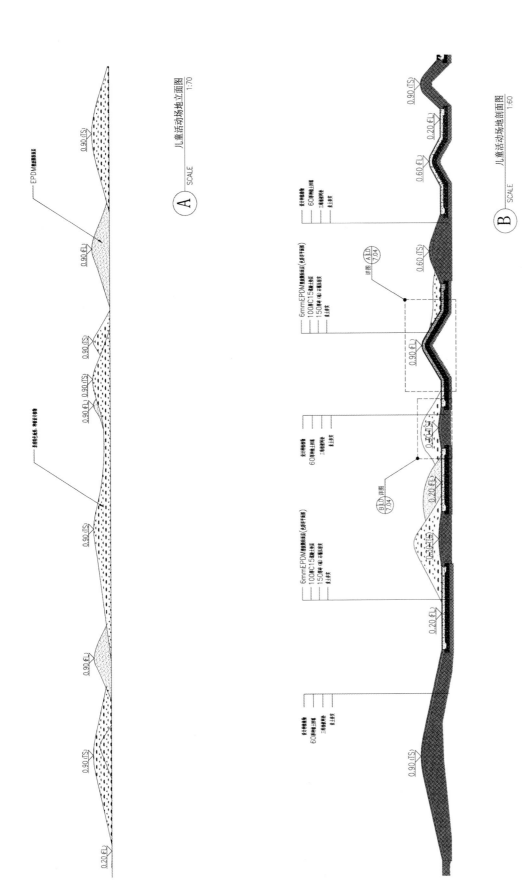

儿童活动场地立面图
SCALE A 1:70

儿童活动场地剖面图
SCALE B 1:60

图C-3 儿童活动场地剖. 立面图

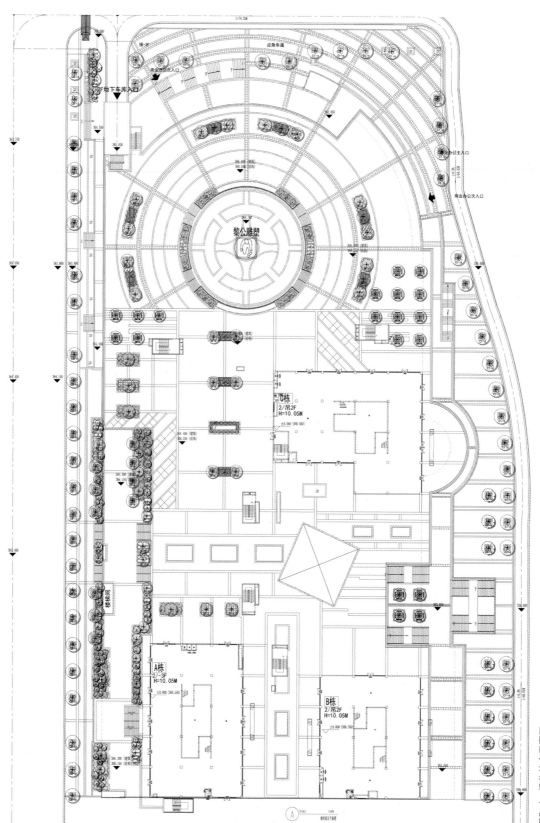

绿荫

黎公雕塑

C栋
2/吊2F
H=10.05M
±0.000 (368.550)

A栋
2/-3F
H=10.05M
±0.000 (368.540)

B栋
2/吊2F
H=10.05M
±0.000 (368.550)

图C—4 绿化综合平面图

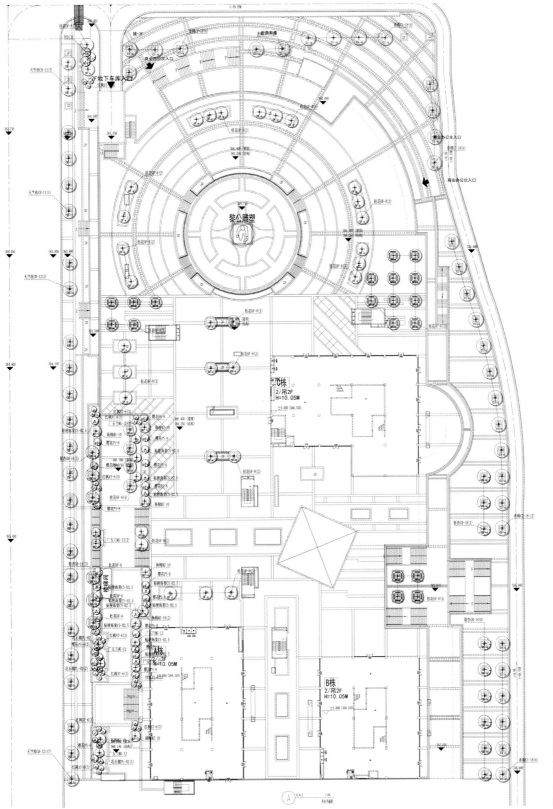

图C-5 乔木平面图

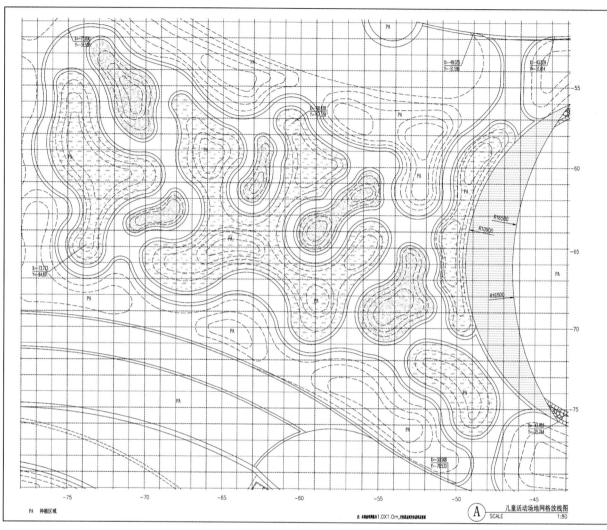

PA  种植区域

儿童活动场地网格放线图
SCALE　　　　　　1:80

图C-6　儿童活动场地网格放线图

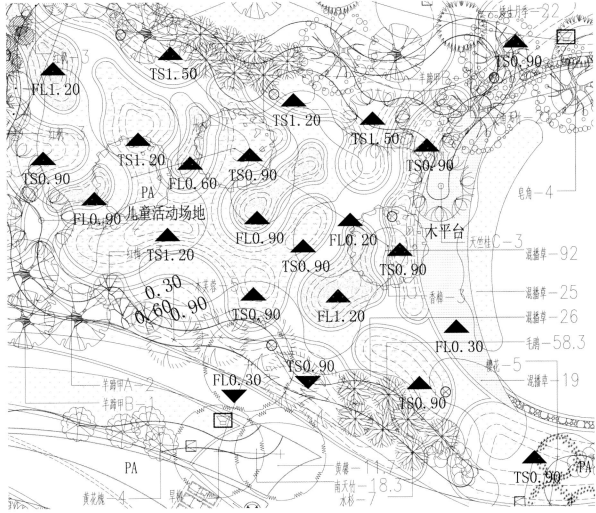

图C-7　植物配置图

# 作者介绍

嵇立琴，女，1975年出生，南昌航空大学艺术与设计学院副教授，硕士生导师，江西美术家协会会员，主要研究方向为公共空间艺术设计。任教期间承担了四项省级课题研究项目，在全国中文核心期刊发表20余篇学术论文，并指导学生设计作品获得国家级和省级奖励。

吴奕苇，女，1983年出生，重庆大学建筑系本科毕业，南昌航空大学艺术与设计学院硕士研究生毕业，现任湖北工业大学土木工程与建筑学院讲师。先后在深圳、重庆、杭州等多家设计单位工作，参与了多个项目的委托设计及投标工作，任教期间在国家级期刊发表多篇学术论文，并指导学生设计作品获得国家级和省级奖励。

The "13th Five-Year Plan" Excellent Curriculum Textbooks
for the Major of
**Fine Arts and Art Design**
in National Colleges and Universities in the 21st Century

建筑装饰工程制图是环艺设计专业的基础课程

它包括建筑室内外设计和景观设计

本书从基础入手

循序渐进地讲述了建筑制图的步骤和方法

图纸是设计师表达设计思想最基本的语言

是与同行交流的载体

更是项目最终施工的重要依据

掌握工程制图的技法及规范要求

是学习设计制图十分重要的前提

辽宁美术出版社微信服务号

ISBN 978-7-5314-8699-2

9 787531 486992 >

定价：40.00元

Architecture Decoration Engineering Charting